Knowledge Management Theory and Support Algorithm

A Complex Product Systems Oriented Appro

U0572663

知识管理理论与
支　持　算　法
——面向复杂产品系统

王庆林　◎著

中国财经出版传媒集团

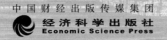

经济科学出版社
Economic Science Press

图书在版编目（CIP）数据

知识管理理论与支持算法：面向复杂产品系统/王庆林著 . —北京：经济科学出版社，2022.6
ISBN 978 - 7 - 5218 - 3775 - 9

Ⅰ . ①知… Ⅱ . ①王… Ⅲ . ①产品开发系统 - 知识管理 - 研究 Ⅳ . ①F273.2

中国版本图书馆 CIP 数据核字（2022）第 105530 号

责任编辑：袁　澂
责任校对：徐　昕
责任印制：王世伟

知识管理理论与支持算法
——面向复杂产品系统
王庆林　著
经济科学出版社出版、发行　新华书店经销
社址：北京市海淀区阜成路甲 28 号　邮编：100142
总编部电话：010 - 88191217　发行部电话：010 - 88191522
网址：www.esp.com.cn
电子邮箱：esp@esp.com.cn
天猫网店：经济科学出版社旗舰店
网址：http://jjkxcbs.tmall.com
北京季蜂印刷有限公司印装
710×1000　16 开　20.25 印张　230000 字
2022 年 6 月第 1 版　2022 年 6 月第 1 次印刷
ISBN 978 - 7 - 5218 - 3775 - 9　定价：88.00 元
（图书出现印装问题，本社负责调换。电话：010 - 88191510）
（版权所有　侵权必究　打击盗版　举报热线：010 - 88191661
QQ：2242791300　营销中心电话：010 - 88191537
电子邮箱：dbts@esp.com.cn）

前　　言

　　知识管理是一门日益重要的学科，它促进了企业知识的发现与创造、获取、共享和应用。事实上，随着知识时代的到来，先进的工业经济正在发生革命，以高技能知识为基础的工人取代传统产业工人成为主导劳动群体的新时代正在到来，知识资源成为企业持续创新的源泉。复杂产品系统创新更是以知识资源为核心的知识共享、创造与应用过程。复杂产品系统知识共享作为知识创造和创新过程的基础和前提，是影响复杂产品系统创新的关键环节。开展面向复杂产品系统的知识管理研究，是提升复杂产品系统知识创造、创新能力和安全运行的关键途径。

　　本书首先对知识和知识管理的概念进行了详细讨论，描述了知识管理解决方案的关键组成部分，包括基础设施、流程、系统、工具和技术，对知识管理流程的四种类型进行了详细说明。然后以复杂产品系统知识共享为重点，阐述了复杂产品系统个人间、项目部门间和企业间知识共享的理论问题以及针对复杂产品系统知识的知识共享支持算法。

　　基于复杂产品系统的特点，依据静态博弈、动态博弈及演化博弈模型逐步分析了复杂产品系统知识共享的条件。根据员工的知识投机冲动和知识风险规避冲动分析表明复杂产品系统知识共享不同于简单产品知识共享所面临的"囚徒困境",而是"逐鹿博弈"收益结构。据此特点建立复杂产品系统知识共享博弈收益函数,从静态博弈、动态博弈、演化博弈和互惠机制等角度逐步递进分析复杂产品系统知识共享的条件。由于众多复杂知识元素之间的高度依赖关系,员工间的知识协同创造效应是促进复杂知识共享的关键因素,也是复杂产品系统企业知识共享管理的特色和优势。直接互惠和间接互惠通过降低知识投机冲动促进知识共享,关系互惠同时降低知识投机冲动和知识风险规避冲动而促进知识共享。

基于社会技术系统观,从个人、社会关系、组织和技术四个维度,研究复杂产品系统的知识共享的关键影响因素。采用偏最小二乘结构方程的实证研究表明,各维度的变量对因变量都具有显著作用,但社会关系资本对知识管理系统中的知识共享行为促进作用效应最大,其次分别为个人、技术和组织层面的影响因素。知识复杂性正向调节社会联结对知识共享的促进作用以及知识共享对复杂产品系统创新绩效和安全运行的促进作用。根据实证结果总结了知识共享管理中的两种误区,设计了复杂产品系统知识管理原型系统结构。

复杂产品系统项目部门间的知识共享在满足个人间知识共享的条件和影响因素基础上需要具有适当的项目部门间社会联结组织结构。从复杂知识中的知识依赖关系角度分析了项目部门之间跨界人和一般知识网络两种组织结构难以适应复杂产品系统高度复杂知识的原因,设计了结合复杂知识领域之间依赖关系的耦合知识网络组织结构。模拟分析结果表明跨界人共享组织结构的共享效果随知识复杂性增加而递减。一般知识网络的知识共享效果在相同知识复杂度时随社会数量递增，但达到一定阈值时反而下降，在相同社会联结数量时随知识复杂性提高而下降。耦合知识网络在知识复杂性增加时的知识共享效果始终高于跨界人和一般知识网络中的知识共享效果。

复杂产品系统企业间的知识共享在个人和项目部门基础上，由于企业是独立的利益主体，因此需要解决企业间知识共享利益分配问题。通过建立知识投资非合作博弈与知识共享合作博弈两阶段博弈模型，证明了知识共享合作博弈核心的非空性及核心的解析式，给出了可以达到整体最优知识投资水平的收益分配方式和各供应商在知识投资博弈中的三种策略选择及均衡结果，计算了不同参数对最优流程优化知识投资水平和收益分配的影响。非合作－合作两阶段博弈分析对其他竞合关系研究具有借鉴意义，研究结果对于核心制造商建立供应商流程优化知识共享网络、确定收益分配方法和供应商的策略选择提供了理论参考。

复杂产品系统设计知识主要是显性知识，通过共享支持算法可以使得知识共享中的知识提供与接收两个子过程相互促进，提升知识协同创造效应。根据支持算法主动性分为知识存储检索算法和推荐算法，结合工作流与本体技术，设计了基于虚拟知识流的知识存储与检索算法，可以更有效地满足相互依赖环节的设计人员共享知识。为了向设计人员推荐知识管理系统中他人共享的知识，设计了基于图聚类的复杂知识个性化推荐算法，对系统中复杂知识标签进行聚类，然后使用标签聚类作为中介来测量特定用户和知识的相关性并据此形成个性化推荐。

复杂产品系统决策中关键是隐性知识的共享，决策过程是决策人员集体知识创造和创新的过程，而知识创造过程离不开知识共享过程。为此设计了基于共识排序树的复杂产品系统决策知识共享支持算法，支持在人与计算机的交互过程中有针对性地共享隐性知识。该算法能够从方案排序中发现满足最低支持度和最高冲突度的最大共识排序和需要进一步进行知识共享、扩大共识的冲突方案。该算法通过吸收不同决策人员的知识而增加创新方案出现的可能性和最终决策的合理性。

知识管理是一门新型学科，在该领域撰写专著实非易事，本书的完成终于迈出了可迭代的重要一步，但愿能够为国家的创新发展尽一些绵薄之力。然而由于时间和水平有限，书中难免有疏漏之处，尚祈各方专家学者不吝指正。

本著作获西安财经大学科研启动基金资助，特此致谢！

西安财经大学　王庆林

2022 年 5 月

目　　录

第 1 章

知识管理概论

1.1 知识管理的产生背景

在当今的知识经济时代，管理知识的能力变得越来越重要。知识的创造和传播已成为竞争力中越来越重要的因素。互联网、万维网的出现，为所有人提供了无限的知识资源。50多年前，工业化国家将近一半的工人都在制造或帮助制造产品。到2000年，只有20%的工人致力于制造相关的工作，其余都是知识员工。拥有大量相对廉价、同质化劳动力和层级化管理结构的劳动密集型制造业已经让位于知识型产业。

由于知识工作需要更多的合作，严格的层级式组织已经难以适应组织创新的需要。企业可持续发展来自它的集体知识及其有效利用、快速获取和使用新知识。知识时代的组织就是基于最佳可用信息、知识基础上的学习、记忆和行动组织。企业的定义已经不只是懂得如何制造产品或者提供服务的组织，而更应该是懂得如何快速有效地创新的组织。

知识管理最有价值之处在于和直接的同事分享知识，以及间接与未知员工的知识分享。与直接的同事共享称为知识使用，而保留知识与未知的员工共享知识称为知识重用。通过分享知识，确保知识在组织内部流动，这样每个人都能从最佳实践（采用更新、更好的做事方式）和学到的教训（避免重复不成功的事情）中受益，并在知识的分享过程中产生、创造新的知识，从而达到知识管理的两个主要目标：通过知识的使用和重用来提高组织的效率，提高组织的创新能力。

为了确保知识管理创造价值，迫切需要一种周密设计的、系统的方法来培养和分享企业的知识。换句话说，为了在当今充满挑战的组织环境中取得成功，企业需要从过去的错误中吸取教训，而不是一次又一次地另起炉灶。组织知识管理的目的不是取代个人知识，而是通过使个人知识更强大、更全面、应用更广泛来补充个人知识。知识管理确保充分利用组织的知识，以及个人技能、能力、思想、创新和创意的潜力，以创建一个效率更高和效果更佳的组织。

学术界、公共政策制定者、商界人士对知识管理的兴趣爆发始于 20 世纪 90 年代中期。从那时起，人们对知识管理的兴趣以多种方式表现出来。首先，知识型社会被一些政府使用并影响了商业和教育决策，包括英国和欧盟等。其次，虽然不可能准确地量化尝试开发和实施知识管理系统的商业组织的数量，但各种调查表明，有相当数量的组织已经采取了这类举措。最后，在搜索引擎上使用关键词"知识管理"进行搜索，就会发现在 20 世纪 90 年代中期之前，对这一主题的兴趣几乎不存在，但从大约 1996 年开始，关于知识管理的出版物数量呈指数级增长。

虽然有学者怀疑知识管理可能只是昙花一现的时髦词汇，然而最新的分析表明，这种下降并没有发生，学术界对知识管理的兴趣持续存在，知识管理已经成为一个重要的学科领域。例如出现了许多关于这一主题的会议，这些会议已成为每年的定期活动。此外，学习型组织和知识管理的话题现在也成为许多历史悠久的管理和组织会议的定期主题。最后，在学术期刊方面，关于组织中的学习和知识的论文一直在顶级期刊上发表［如《管理研究杂志》（*Journal of Management Studies*）《组织研究》（*Organization Studies*）《组织科学》（*Organization Science*）］。也出现了一些专门关注学习和知识管理问题的期刊，塞伦科和邦蒂斯（Serenko and Bontis）于 2021 年对以知识管理和智力资本为主题的同行评议期刊进行了分析，并对该领域主要的 27 种同行评议学术期刊进行了排名[1]，其中根据影响因子（g-index）值排序的前 10 名期刊见表 1 - 1。

表 1 - 1　　　　　　　知识管理领域国际期刊排名

排名	期刊名及出版者	影响因子（g-index）
1	知识管理杂志（*Journal of Knowledge Management*，Emerald）	325
2	智力资本杂志（*Journal of Intellectual Capital*，Emerald）	277
3	学习型组织（*The Learning Organization*，Emerald）	176
4	知识与流程管理：企业转型杂志（*Knowledge and Process Management：The Journal of Corporate Transformation*，Wiley）	135
5	知识管理研究与实践（*Knowledge Management Research & Practice*，The Operational Research Society）	99

排名	期刊名及出版者	影响因子（g-index）
6	知识管理电子杂志（*Electronic Journal of Knowledge Management*，Academic Conferences and Publishing International）	85
7	信息与知识管理系统杂志（*The Journal of Information and Knowledge Management Systems*，Emerald）	73
8	知识管理国际杂志（*International Journal of Knowledge Management*，IGI）	66
9	无形资本（*Intangible Capital*，OmniaScience）	58
10	知识管理与在线学习（*Knowledge Management & E-Learning*：An *International Journal*，The University of Hong Kong）	52

组织的智力资本越来越受到重视。这一事实的一个例子是，企业资产负债表与投资者对企业价值的估计之间的差距不断扩大。全球知识密集型企业的估值是其实际资本的 3 ~ 8 倍。以苹果公司（Apple corporation）为例，该公司是世界上市值最高的公司，截至 2022 年 1 月，其市值接近 3 万亿美元①。显然，这个数字高于苹果在建筑、电脑以及其他实物资产的价值总和。苹果的估值反映了对其知识资产的评估，包括以知识产权、客户数据库和业务流程形式存在的结构性资本。除此之外，还有以知识形式存在于苹果所有开发人员、研究人员、学术合作者和业务经理头脑中的智力资本。

迈向日益数字化的世界，正在迅速改变个人和组织创建、使用和共享数据、信息和知识的方式。保持竞争优势更加需要充分挖掘

---

① Nasdaq, Inc. Apple Inc. Common Stock（AAPL）［DB/OL］.［2022 - 02 - 05］. https：//www. nasdaq. com/zh/market - activity/stocks/aapl.

组织所有成员的创造性潜力和知识。商业环境正在从以物质资源为主向以知识为主转变。越来越多的公司正在设计产品和服务，这些产品和服务是组织内部和跨组织合作的结果。企业必须以快速的组织学习和敏捷的过程适应更快的市场变化和更快的创新速度，从而达到价格下降、更短的产品生命周期、客户需求的个性化和建立新的业务领域等目的。为此目的，必须调动所有相关的知识资源，这为知识管理创造了前所未有的迫切需求。而信息和通信技术的发展提供了以低成本处理大量信息的选择，使人们即使距离很远也能相互协作，从而促进共同创造、决策支持和知识交流，为基于现代信息技术进行知识管理提供了条件。

1.2　知　　识

1.2.1　知识定义

汉语中知识的"知"由"矢"和"口"构成，"矢"是指射箭，"口"表示说话，由"矢"与"口"构成的"知"就表示说话如射箭能射中靶心一样说出恰如其分的话，也就是说话能够一语中的。知识的"识"在繁体中由"音"和"哉"构成，而"哉"字又由"音"和"戈"构成，本意是指能够用语言描述古代军队方阵操练时随着指令变化的团体动作。因此"知识"的本意就是指能够识别和描述事物的规律，表示人作为认识主体的一种认知状态。

知识的严格定义是西方认识论哲学争论的焦点之一。希腊古典哲学家柏拉图（Plato）将知识定义为"经过验证的正确的认识"（justified true belief，JTB），该定义包含判定知识的三个条件：一是某人 S 要相信 P（belief），二是某人 S 相信命题 P 是真的（true），三是 S 相信 P 必须基于充分理由（justified）。但是美国哲学家葛梯尔（Gettier）在 1963 年提出了两个反例证明满足以上定义也不能说明 S 这个人知道命题 P，此现象被称为"葛梯尔反例"，并且关于该定义的争论至今也没有结束。我国学者吕旭龙以辩证唯物主义的观点出发分析了葛梯尔所提出的问题[2]，认为葛梯尔反例的根源就在于没有从实践出发去认识知识，僵化孤立地看待"相同证据原则"，因为在实践活动中"相同证据"并不必然得出"相同结果"，这种情况既可以在认知群体中出现，在单个的认知个体中也可以在不同情况下出现不同结果。

日本著名知识管理学家野中郁次郎和竹内（Nonaka and Takeuchi）改进了这个 JTB 定义，但与西方哲学强调的"真实性"不同，他们强调重点在于"经过验证的认识"，将知识视为"经过验证的向真理逼近的动态过程中的认识"[3]。野中郁次郎和竹内也提到存在通过葛梯尔的反例对"经过验证的正确的认识"的定义的批评，并指出这种知识定义在逻辑上并非完美，但他们没有详细阐述其理由。

在信息管理研究领域经常从 DIKW（data-information-knowledge-wisdom）模型的数据（data）、信息（information）、知识（knowledge）和智慧（wisdom）的层次结构中进一步界定知识。该模型最初由泽莱尼（Zeleny）于 1987 年提出[4]，并分别将这些术语理解为

"无所知"（know-nothing）"知道什么"（know-what）"知道如何"（know-how）"知道原因"（know-why）。

另一个 DIKW 层次结构由艾可夫（Ackoff）教授提出[5]，其示意图见图 1 – 1。他指出数据由原始符号、数字或字母组成，没有上下文或含义。而信息则是将数据放入上下文中，一封信、一段对话、文档和新闻都是信息，还有文化作品如小说、电影、音乐、绘画、诗歌所有这些都是信息。知识则是理解信息模式和基于这些模式综合新信息的能力的结果。当知识随着时间的推移积累时，人们可以学会理解信息中的模式和道理，使得"知识可以放在上下文中，组合并恰当地应用"，从而产生了智慧。还有观点认为数据是事实的符号表示，信息是被处理过的数据，而知识是经过验证的信息，数据、信息到知识的层次结构模型在背景、有用性或可解释性等方面难以严格区别，但信息与知识的关键区别不是内容、结构、准确度或效用，而是在于知识是个人头脑中经过处理的信息，即与事实、程序、概念、解释、创意、观察、判断等相关的个性化信息。

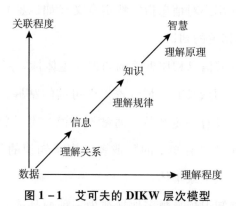

图 1 – 1　艾可夫的 DIKW 层次模型

正是因为知识与数据或信息的含义不同，才有了区别知识管理和信息管理的必要。由于知识植根于个人经验之中，并且嵌入在组织的社会实践中，因此不容易模仿、交易或替代。

实际上从数据和信息到知识的联系并不只是单向的，而是也存在反向作用。在经过测量获得数据并进一步处理形成信息之前必须具有相应知识，所谓"纯粹的数据"是不存在的。即使是最基本的"数据"也会受到导致其识别和收集的思想或知识的影响。当知识经过阐述由语言表达出来并结构化处理后便形成了信息，信息由认可的方式表示出来并具有了标准解释时便形成了数据。关键事实是知识不会存在于主体（知识者）之外，并且不可避免要被个人需要和主体的初始知识所影响，因而知识是由新的刺激触发的认知处理的结果。因此可以认为信息一旦在头脑中被处理就被转换成知识，知识一旦被阐述并以文本、图形、文字或其他符号形式呈现出来就成为信息。这种知识观的重要含义是为了对数据和信息获得相同理解，主体必须共享一定的知识基础。另外一个重要含义是知识管理系统需要能够使用户对信息指定特定意义（如标签）并捕获用户与信息和/或数据相关的知识。

知识与数据或信息相比更强调知识的主体性。所谓"有知识"，是指某人对某一领域具有广博、透彻而可信的掌握，在该领域既受过良好的教育又具有一定智慧。通常不会说一本手册、一份备忘录或者一个数据库是"有知识的"或者"富于知识的"，但可以说这是源自有知识的人士或集体。

此外，虽然知识越来越多地被视为一种商品或者产权，但知识具有一些与其他商品不同的特点：（1）使用知识并不能消耗它；

（2）知识共享不会导致失去它；（3）知识是丰富的，但使用它的能力是有限的；（4）企业的大部分知识存在于企业员工的头脑中。这些特点决定了知识共享的特点，如合理的知识共享无论对于分享者、分享对象还是对于组织都会带来收益。

1.2.2　数据、信息与知识

"知识""数据"和"信息"含义不同，尽管这三个术语有时可以互换使用。本节通过示例对其进行区分说明。

数据包括事实、观察和感知，这些可能正确也可能不正确。就其本身而言，数据表示原始数字或断言，因此可能缺乏上下文、意义或意图。考虑三个属于数据的例子，然后将以这些例子为基础来说明信息和知识的含义。

示例1　一家餐厅的销售订单包括两个大汉堡和两个中等大小的香草奶昔，这就是数据的一个例子。

示例2　在抛硬币时，硬币是正面朝下的，这一观察结果也属于数据。

示例3　在特定的时间，特定飓风轨迹的坐标分量同样被视为数据。

尽管缺乏上下文、意义或意图，但数据可以很容易地被捕获、存储和使用电子或其他媒体进行交流。

信息是数据的一个子集，仅包括那些具有上下文、相关性和目的的数据。信息通常涉及对原始数据的操作，在数据中获得更有意义的趋势或模式。继续前面提到的三个例子：

示例 1 对于餐厅的经理来说，表示汉堡、香草奶昔和其他产品的日销售额（以元、数量或日销售额的百分比表示）的数字就是信息。经理可以利用这些信息做出有关定价和原材料采购的决定。

示例 2 假设抛不太匀称的硬币的情境是一种赌博情况，如果硬币落在正面，赌博参与者张三愿意付给任何人 10 元，但如果硬币落在反面，他就接受 8 元。王美考虑是否接受这个打赌，如果她知道最后 100 次抛硬币，有 40 次是正面，60 次是反面，这对王美来说就是信息。每次抛出正面或者反面的结果都是数据，但不是直接有用的，因此，它是数据而不是信息。相比之下，最后 100 次抛掷得到的 40 次正面和 60 次反面也是数据，但可以直接用来计算正面和反面的概率，从而做出决策。因此，它们是王美的信息。

示例 3 基于坐标分量，飓风软件模型可用于创建飓风轨迹的预测，对飓风预报来说这个坐标就是信息。

从这些例子中可以看出，某些事实是信息还是数据取决于使用这些事实的个人。关于汉堡日销量的事实代表了商店经营的信息，但只是客户的数据。如果这家餐厅是 250 家连锁餐厅中的一家，那么这些关于日销售额的事实对于这家连锁餐厅的首席执行官来说也是数据。同样，关于抛硬币的事实对于对赌博不感兴趣的人也只是数据。

知识与数据和信息存在重要区别。一般认为知识处于层次结构的最高层次，信息处于中间层次，数据处于最低层次。根据这一观点，知识是指导行动和决策的信息。因此，知识在本质上类似于信息和数据，由于它是三者中最丰富、最深刻的，因此也是最有价值的。根据这种观点，数据指的是与上下文无关的事实，例如电话号码。信息是上下文中的数据，如电话簿中的电话号码。知识是促进行动的信息，例如，组织中领域专家的个人知识。专家认识到一个电话号码属于一个优质客户，他需要每周打电话一次来获得订单，这是他的个人知识。

虽然这种简单化的知识观可能并非完全不准确，但它并没有完整解释知识的特征。在一个更完整的视角下，知识与信息在本质上是不同的。不是把知识看作一组更丰富或更详细的事实，而是把某个领域的知识定义为与该特定领域相关的概念之间关系的合理信念。这一定义在文献中得到了支持[6]。根据这个定义考虑上面例子中的知识。

示例 1　可以使用汉堡的日销量以及其他信息（例如，库存中面包的数量）来计算要购买的面包数量。应该订购的面包数量、当前库存中的面包数量和汉堡（以及其他使用面包的产品）的日销量之间的关系就是知识的一个例子。理解这一关系（可以想象成一个数学公式）有助于使用信息（关于库存中的面包数量和汉堡的日销售额等）来计算要购买的面包数量。然而，订购面包的数量本身应该被认为是信息而不是知识，它只是更有价值的信息。

示例 2　100 次投掷中，40 次正面和 60 次反面的信息可以用来计算正面（0.40）和反面（0.60）的概率。然后可以使用这些概率，以及与正面和反面相关的回报信息，来计算王美参与打赌的期望值。概率和期望值都是信息，尽管这些信息比 40 次抛掷得到正面 60 次得到反面的事实更有价值。而且期望值比概率更有用：前者可以直接用于决策，而后者需要计算期望值。

正面概率 P_H、硬币正面落地的次数 n_H 和投掷的总次数 $n_H + n_T$ 之间的关系即 $P_H = n_H/(n_H + n_T)$ 就属于知识。它可以帮助我们从投掷结果的数据中计算概率。关于反面概率的类似公式 $P_T = n_T/(n_H + n_T)$ 也是知识。此外，正面和反面的获利（分别记为 R_H 和 R_T）与概率和期望值之间的关系 $EV = P_H R_H + P_T R_T$ 也是知识。利用这些知识成分，正面和反面的概率可以分别计算为 0.40 和 0.60。王美的总回报可以计算为 $0.40 \times (+10) + 0.60 \times (-8) = -0.80$。

示例 3 飓风研究人员的知识用以根据飓风坐标分量和不同软件模型产生不同飓风预报，以确定飓风将遵循特定轨迹的概率。

因此，知识有助于从数据中生成信息，或者从价值较低的信息中生成更有价值的信息。基于新生成的关于结果期望值的信息，以及与其他概念的关系，如王美对硬币可能是公平的或不公平的预期，知识使王美能够决定她是否能在游戏中获胜。图 1-2 描述了数据和信息之间的关系。在决策时数据具有零或低价值，而信息价值大于数据，尽管不同类型的信息可能具有不同的值。

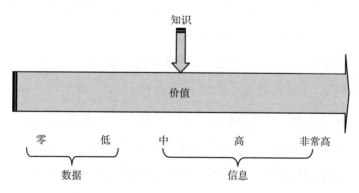

图 1-2 数据、信息和知识之间的关系

以上数据、信息和知识之间的关系用图 1-3 中的示例 2 来说明。从图中可以看出，如何计数的知识有助于将抛硬币的数据（每次抛硬币产生一个正面或反面，100 次抛硬币产生 100 个这样的观察值，分别用 H 和 T 表示）转换为信息（正面的次数和投掷次数）。这个信息比原始数据更有用，但它不能直接帮助决策者（王美）决定是否参与打赌。利用如何计算概率的知识，这些信息可以转换成更有用的信息，即正面和反面的概率。此外，将关于概率的信息与正面和反面相关的收益信息相结合，就有可能产生更多的信息，即参与打赌收益的期望值。在进行这种转换时，要利用从概率和获利计算收益期望值的公式的知识。图 1-3 说明了知识如何帮助从数据（例如，基于投掷 60 次正面和 40 次反面结果的概率）或较低价值的信息（例如，与正面和反面相关的概率和收益）中产生较高价值的信息（期望值）。

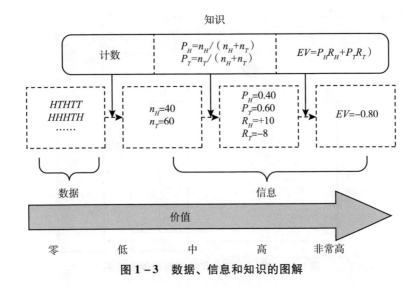

图 1-3　数据、信息和知识的图解

上述数据、信息和知识之间的区别与野中郁次郎和竹内将知识定义为"被证明的真实信念"[6]是一致的，也与韦格（Wiig）认为知识与数据和信息在根本上不同的观点[7]相一致：

知识包括信念、观点、概念、判断、期望、方法和技术。它由人类、软件代理或其他活动实体拥有，用于接收信息、识别，分析、解释和评价；合成和决定，计划、实施、监督和调整——也就是说，要尽可能明智地行动。换句话说，知识用来确定一个特定的情况意味着什么以及如何处理。

图1-4描述了知识、数据和信息如何与信息系统、决策和事件相关。如前所述，知识有助于将数据转换为信息。知识可以存储在以手工或计算机为基础的信息系统中，或作为输入接收数据，或作为输出产生信息。此外，利用信息来做决策也需要知识（例如，在上面第二个例子的上下文中，期望值高于零通常表明该决策是好的）。

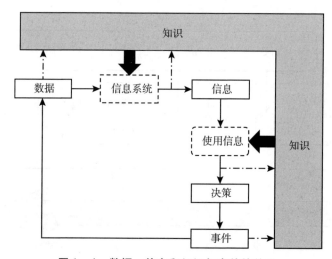

图1-4 数据、信息和知识与事件的关系

决策以及某些不相关的因素会导致事件的发生，从而产生更多的数据。事件、信息的使用和信息系统可能导致知识本身的修改。例如，在根据销售额订购原材料的示例 1 的情景中，有关供应商变化的信息（例如，两个供应商的合并）可能会导致感知到在现有数量、每日销售和订购数量之间关系（知识）的变化。类似地，在关于抛硬币结果的示例 2 中，个人的风险厌恶程度、个人财富等可能会导致信念的改变，即期望值高于零是否能够证明决定参与赌博的合理性。

1.2.3　隐性知识与显性知识

有些文献根据易表达性将知识分为隐性和显性两种不同的知识，实际上显性知识和隐性知识的分类是相对的。是根据野中郁次郎的研究，隐性和显性是表示知识是否容易表达的两个极端情况[8]（见图 1-5），任何知识都具有显性成分和隐性成分，纯粹的显性知识和隐性知识只是两种极端情况。《易经·系辞上传》第十二章中的"书不尽言，言不尽意"实际上也指出了难以用语言表达的隐性知识。知识的隐性维度（简称隐性知识）植根于行动、经验和特定背景下的参与经历，包括认知和技术元素。认知元素指的是一个人的心智模式，包括心理地图、信仰、范式和观念。技术成分包括特定情境下的诀窍、工艺和技能。隐性知识的例子包括使用赞美、销售促进技巧、少说多听等手段赢得客户的知识等。知识的显性维度（简称显性知识）可以通过符号或自然语言的形式进行阐述、编码和交流，如包含电子产品正确操作方法的使用手册。

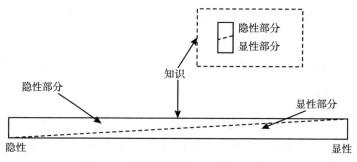

图 1-5　知识的隐性和显性连续变化

一些文献将隐性知识与内隐知识混为一谈，还有一些学者则将隐性知识与内隐知识区分开来。隐性知识难以表达和编码，内隐知识却并不一定存在这个问题。相反，内隐知识只是尚未被记录。有必要厘清隐性知识和内隐知识之间的一些区别，以便清楚可以并且应该记录和共享的有价值的知识。

1. 可表达性

隐性知识都是关于直觉的，是自己都不知道自己拥有的知识。通过经验获得隐性知识，并将其作为直觉本能反应储存在大脑中。把直觉从员工的大脑中抽取出来存储于知识管理平台是非常困难的。

相反，内隐知识可以被表达出来，尽管有时候很难，但仍可以将其记录在知识库中，以便每个人都能看到并从中受益。换句话说，我们可以识别、表达和捕获内隐知识。

2. 可转移性

隐性知识不易转移。不一定能培训每个人如何更好地销售、写作——有时这取决于个人经验和直觉。这就是为什么不是每个人都是天生的推销员。

与隐性知识不同，内隐知识是完全可共享的，它可以给组织带来巨大的价值。如果员工有相同的任务，但是以不同的方式执行这些任务，这就可以通过适当的文档与每个人共享这些过程。

3. 知识应用

隐性知识的应用都是基于本能反应的，它植根于个人经验，很难分享。例如，有的员工有让人平静下来的神奇方法，善于处理棘手客户。因为这是他的隐性技能，其他团队成员就不能轻易地获得这种技能并将其应用到自己的角色中，即使该员工尽力以某种方式识别并向他们解释该技能，而实际上这也是不太可能的。

显性知识、隐性知识和内隐知识的区别见图 1 - 6。

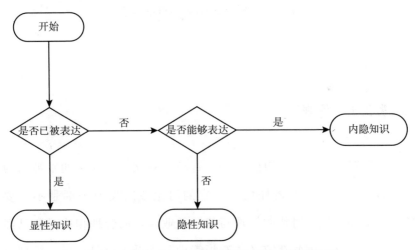

图 1 - 6　显性知识、隐性知识和内隐知识的区别

此外，还有布莱克勒（Blackler）将组织知识按照组织管理过程中的存在形式分为五类[9]，在行动和实践中所获的经验（Embodied）知识，内嵌于组织运作流程的分工协作和沟通中的内嵌化

（Embedded）知识，员工内心的知觉能力、概念性知识构成的头脑化（Embrained）知识，由组织文化、组织潜规则和组织价值观构成的文化形式的（Encultured）知识和可以通过符号来传播的编码化（Encoded）知识。

在有些文献中则将知识分为事实性知识（know-what，know-who）、科学知识（know-why）和技术诀窍（know-how），其中技术诀窍通常是隐性知识。此外也有学者将知识分为组织知识和个人知识：组织知识由组织创造并内化在组织的集体行动中[10]，个人知识则是由个人获得并存在于个人头脑之中。

1.3　管理与知识管理

1.3.1　管理

主流知识管理文献很少讨论"管理"定义，其含义通常被认为是不言自明的，这使得任何关于它的讨论或定义似乎都是不必要的。但是知识经济时代的管理与传统工业时代的管理相比对象已经发生重大变化，因此在定义"知识管理"这个术语时，谈论管理应该像谈论知识一样重要。

管理指的是为了达到特定的目标而控制和协调人员和组织资源的过程。存在两种管理哲学，一种管理哲学专注于直接控制和监督员工行为，而另一种则关注于控制和塑造员工态度。泰勒主义，或福特主义，可以说是 20 世纪最广泛使用的管理方法，是行为控制系统的典型例子。在泰勒控制系统下，工人的行为通常被高度禁止，员工几乎没有自由裁量权或自主权来决定工作任务应该如何执行。在这样的系统下，例如在呼叫中心，员工通常有管理部门严格监控的日常绩效目标，员工的行为和与客户的交谈都有严格的控制。

另外一种是基于态度的管理，也可以被称为基于文化的管理或规范控制，是一种完全不同的管理哲学，它开始于 20 世纪 80 年代，现在已被广泛使用。基于态度的管理是一种更间接的管理形式，它不关注员工的行为，而是专注于塑造员工的态度和价值观，其假设是，如果能在员工身上培养正确的态度和价值观，他们很可能就会是忠诚的员工，主动控制自己的行为，自觉以管理层认为合适的方式行事。在知识经济中最关键的资源是知识，是难以建立精确标准衡量和控制员工行为的，因此对知识的管理更适合采用这种基于态度的管理方法。

1.3.2　知识管理

知识管理是一个涉及多学科的交叉学科，涵盖多学科领域的研究内容，这是由于将知识应用到工作中是大多数商业活动不可或缺的一部分。然而，知识管理领域确实存在"盲人摸象"综合征，从任何现有单一学科去理解知识管理难免以偏概全。事实上，关于知识管理，至少有超过三种不同的视角。

从业务角度来看，知识管理把业务活动中的知识作为明确的业务关注，反映在组织的各级战略、政策和实践中，并通过组织的知识资产（包括显性知识和隐性知识）获得积极的业务绩效。它是一个协作和集成方法，用以创建、捕获、组织、访问和使用企业的知识资产。知识管理项目不仅仅是一组简单的过程，它还涉及发展和鼓励一种知识共享的文化——鼓励人与人之间的合作，因而是以人为本的管理过程，功能是保护和促进个人拥有的知识，并在可能的情况下，将资产转换成使其更容易被企业的其他员工共享的形式。知识管理的重点是获取和综合利用智力资本，在不同的部门和不同的地点最大化决策和创新水平，从而成为高绩效组织。

从知识资产的角度来看，知识管理旨在开发出能够获取和共享知识资产的系统和流程，增加有用的、可操作的和有意义的知识产出，寻求增加个人和团队的知识水平，试图在不同的职能和不同的地点最大化组织的智力价值，认为成功的企业不是产品的集合，而是独特的知识基础的集合。这种智力资本是使企业在其目标客户面前具有竞争优势的关键。知识管理寻求积累智力资本，创造独特的核心竞争力，并最终产生卓越绩效水平。达文波特（Davenport）在1994年提出"知识管理是获取、传播和有效使用知识的过程"[11]。

从图书馆学和情报学的角度出发，产生了两种截然相反的思想学派：第一种学派认为信息管理和知识管理之间没有什么区别，知识管理被视为信息管理的另一个名称，知识管理是图书馆管理员需要花时间引入的概念。然而，第二种思想学派对信息资源的管理和知识资源的管理进行了区分，认为知识包括企业的员工所拥有的所有智力资本，如专业知识、能力、市场经验等。知识管理是理解组织的知识流，使组织知识显性化从而达到组织学习的目的，通过良好的知识管理和组织学习加强组织知识的应用，帮助企业将这种人力资本转化为智力资本。与信息管理不同，知识管理不仅仅是存储文档，它通过知识共享提高技术能力和专业知识。知识管理促使人们能够协作，并方便他们快速找到所需的专业知识。快速找到领域专家并获得问题的答案或帮助解决问题的能力是知识管理的优先关注，防止企业不断重复发明。从这个角度看，知识管理是一门学科，它旨在促进一种识别、获取、评估、检索和共享企业所有信息和知识资产的系统化方法。这些资产可能包括数据库、文件、政策、程序，也包括员工的专业知识和经验。

知识管理是一种策略、工具和技术的组合——其中一些并不是新鲜事物，例如案例故事、同伴互助和从错误中学习，这些都在教育培训和企业实践中有先例。知识管理也利用先进的知识系统设计技术，如领域专家的结构化知识获取技术，通过任务和工作分析设计和开发任务支持系统等。

这使得定义知识管理既容易又困难。一个极端情况是，知识管理包含与知识有关的一切。另一个极端情况是，知识管理被狭义地定义为获取、存储和分配组织知识的信息技术系统。

一般来说，知识管理的重点是在合理的时间和地点提供所需要的知识。传统的知识管理强调的是那些已经被认可并以某种形式表达出来的知识。这包括有关过程、程序、知识产权、记录的最佳实践、预测、经验教训和对反复出现的问题的解决方案等知识。知识管理也越来越关注管理那些可能只存在于组织专家头脑中的重要知识。

以商业飞行员的知识为例。他们不仅要确保乘客的安全，而且要在各种天气条件下保持航班准时。他们需要发现和建立与飞行问题相关的所有可用信息，诊断问题，确定替代行动，并在可用时间内评估每个替代方案相关的风险。飞行时数和飞行经验年数被认为是飞行员专业水平的指标。这种水平的知识是通过多年的经验和成功的决策获得的。随着退休的迫近，航空公司如何获取这些知识并加以分类，使新一代飞行员受益就是重要的知识管理问题。

知识管理的完整定义应该将知识与业务流程相结合，考虑知识区别于其他生产要素和信息的特殊性。例如：

知识管理是对组织的文化、结构等基础设施进行周密系统的协调，通过发现、获取、共享和应用知识，以促进持续的组织学习和创新，最终提升组织绩效。

知识管理的目标包括：建立一套可以用于个人、团队和组织的方法工具包，防止人员流动导致的技能人才流失，协助从离职和退休人员到新聘继任者的平稳过渡，尽量减少因员工离职和退休而造成的企业知识损失；分析企业的知识资源，以便企业准确把握所拥有的知识、最擅长的领域；避免重复工作、促进整个组织在流程和产品、风险管理方面进行创新等。

知识管理的最终目标是提升企业的智力资本。一个组织的智力资本是指其所有知识资源的总和，这些知识资源存在于组织内部或外部。有三种类型的智力资本：人力资本，或个体员工所拥有的知识、技能和能力；组织资本，或存在于数据库、手册、文化、系统、结构和过程中的制度化知识和成文经验；社会资本，即嵌入在个人之间的人际关系和互动中的知识。

在人类社会各个方面，由于数字技术的广泛应用所发生的数字转型、工作任务和管理流程的相应数字化深刻地影响了公司和组织，全球范围内数字化的知识社会快速发展。知识管理的重点已经从文档化的知识收集扩展到包括人与人之间的联系，并通过相应的技术支持促进知识员工之间的社会联系。

1.3.3　知识管理的意义

人所拥有的洞见、理解和实用知识是知识型员工发挥职能的基本条件。随着时间的推移，相当多的知识也在各种组织及社会中转化为其他表现形式，如书籍、技术、最佳实践和传统。这些转变带来了专业知识的积累，在恰当使用时将提高效果水平。知识是使个人、组织和社会智慧行为成为可能的关键因素。

鉴于知识在日常生活和商业生活的几乎所有领域的重要性，有两个与知识相关的方面对任何水平的生存和成功都至关重要，即已经掌握的静态知识资产，个人和组织都必须最大限度地应用、保存；以及与知识相关的创建、构建、编译、组织、转换、转移、汇集等动态过程。

历史上，知识总是被管理的，至少是隐性的。然而，有效和积极的知识管理需要新的视角和技术，并涉及组织的几乎所有方面。因此，需要发展一门新的学科，并培养一批具有我们以前从未见过的专业知识的骨干人才。

知识管理是为了最大限度地利用知识资源、提升创新水平所需要的管理过程。知识管理虽然可以应用于个人，但一般关注和研究的重点还是组织知识管理。知识管理被视为一门日益重要的学科，它促进企业知识的创造、共享和利用。德鲁克（Drucker）被许多人认为是知识管理之父，他对知识管理的必要性做出了精辟的概括[12]：

知识已成为一个国家军事实力和经济实力的关键资源……与经济学家传统的关键资源——土地、劳动力甚至资本——有着根本的不同。我们需要系统地研究知识的质量和知识的生产……知识社会中任何组织的生存和绩效将越来越依赖于这两个因素。

因此，可以说当今企业最重要的资源是驻留在组织员工、客户和供应商头脑中的集体知识。恰当管理组织知识有很多效果，其中一些是显而易见的，另一些则并不明显但依然存在。这些效果包括形成核心业务能力、加速创新及其市场化、员工授权所获得的创新空间、创新和交付高质量的产品、改善决策周期和水平、建立可持续的竞争优势。简而言之，使组织更适合在一个要求更高的环境中成功竞争。

1.4 知识管理解决方案与基础

知识管理依赖于两个方面：知识管理解决方案和知识管理基础。知识管理解决方案指的是实现知识管理流程如知识发现、获取、共享和应用的方法。知识管理解决方案包括知识管理流程和知识管理系统。知识管理基础是支持知识管理的知识管理基础设施、知识管理机制和知识管理技术。因此，知识管理解决方案依赖于知识管理基础（见图1-7）。接下来，简要介绍知识管理基础的三个组成部分和知识管理解决方案的两个组成部分。

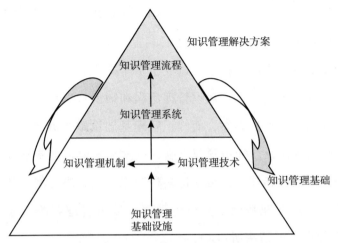

图 1－7　知识管理方案和基础的关系

　　知识管理基础设施反映知识管理的长期基础。在组织环境中，知识管理基础设施包括五个主要组成部分（例如，组织文化和组织的信息技术基础设施）。

　　知识管理机制是用于促进知识管理的组织或结构手段，可能（也可能不）涉及信息技术的使用，但它们确实涉及某种促进知识管理的组织安排、社会或结构手段。它们依赖于知识管理基础设施，并促进知识管理系统的发展。

　　知识管理技术是可以用来促进知识管理的信息技术。因此，知识管理技术在本质上与信息技术没有什么不同，只是侧重于知识管理而非信息处理。知识管理技术也支持知识管理系统，并受益于知识管理基础设施，特别是信息技术基础设施。

　　知识管理流程是帮助发现、捕获、共享和应用知识的过程。

　　知识管理系统是为支持四种知识管理流程而开发的技术和机制的集成。

知识管理基础设施支持知识管理机制和技术。知识管理系统采用知识管理的机制和技术，是多种机制和多种技术的组合。而且，同一个知识管理机制或技术可以支持多个知识管理系统。知识管理系统支持知识管理流程。知识管理流程和知识管理系统是针对知识管理需求的特定解决方案，而知识管理基础设施、机制和技术对组织的影响更为广泛。知识管理机制、技术和知识管理基础设施（通过知识管理机制和技术）可支持多种知识管理解决方案。随着时间的推移，知识管理基础本身也将受益于知识管理解决方案，如图1-7两侧向下的箭头所示。

1.5　知识管理的基础设施

在组织环境中，知识管理基础设施包括五个主要组成部分：组织文化、组织结构、信息技术基础设施、公共知识和物理环境。

1.5.1　组织文化

组织文化反映了指导组织成员行为的规范和信仰。它是组织中知识管理的重要推动者。事实上，知识管理的最重要的挑战在本质上是非技术性的，这些挑战包括：（1）当前的组织文化不鼓励知识共享；（2）组织的员工没有时间进行知识管理；（3）对知识管理及其对公司的效益认识不足；（4）无法衡量知识管理带来的财务效益。

组织文化首先是知识管理的直接挑战，但第二个和第三个挑战也直接依赖于组织文化，一个支持性的组织文化有助于激励员工理解知识管理的优势，也有助于为知识管理合理分配时间。事实上，让人们参与知识共享被认为是知识管理中最难的部分。例如，个人通常不愿意向知识库贡献知识，担心共享的知识被其他人利用，但难以获得其他人共享的知识。

支持知识管理的组织文化属性包括理解知识管理的价值、各级管理人员对知识管理的支持、奖励机制、鼓励通过互动进行知识共享和创造。相比之下，强调个人表现和在部门内留存信息的文化会限制员工互动交流。缺乏高层管理的参与，会造成知识共享和存档受到抑制。此外，人们通常担心向别人询问是否知道某个问题的答案，特别是如果把一个问题发布给整个公司时，会暴露他们的无知。

企业制度内在的竞争会抑制知识共享，而知识共享实践本可以显著增加效益。如将婴儿食品一线销售人员的业绩与其他销售人员的业绩进行比较排名。这种情况下，一线销售人员如果发现了一个小众市场，即向不能再吃硬食品的老年人销售婴儿食品，他们会向企业保密自己的客户群。因为该公司的文化孕育了员工之间的竞争，并基于排名提供激励，该企业会错过在那个小众市场的额外销售，还会错过更好地满足这个小众市场需求的潜在产品开发。

企业可制定措施来加强公司知识管理系统的使用，建立鼓励知识共享的企业文化。如公开承认那些杰出的知识贡献者，把知识管理系统作为每个人工作职责的一部分，甚至可以奖励员工使用这个系统。知识管理系统可以为每个任务分配积分。如果员工在系统中输入他的特长领域介绍，可以得到一个积分。如果员工记录完成一个特殊任务的解决办法，可以获得 5 个积分。可由该公司的知识经理充当裁判，决定提交内容是否值得得分，每季度统计一次，所得分数占员工每季度奖金的一定比例。

1.5.2　组织结构

知识管理在很大程度上也依赖于组织结构。第一，组织的等级结构会影响到每个人经常与之互动的人，因而也会影响到可能与之传递知识的人。传统的报告关系影响数据和信息的流动以及共同作出决定的群体构成，从而影响知识的共享和创造。为了建立扁平化组织结构，企业需要寻求消除组织层次，从而将更多的责任交给每个人，并增加向团队负责人汇报的团队规模。因此，知识共享更可能发生在扁平化组织中的更大团队群体中。此外，矩阵结构和强调"领导"而不是"管理"组织中，通过打破传统的部门边界，将会促进更多的知识共享。

第二，可以通过实践社区这种组织结构促进知识管理。如可以建立组织内的技术俱乐部，包括不在同一个部门工作的一组工程师，定期开会讨论与专业领域相关的问题。实践社区提供了比传统部门范围内更大的个人群体。因此，有更多潜在能提供所需知识的成员，增加了他们中至少有一个能提供有用知识的可能性。实践社区还提供了获取外部知识资源的途径。一个组织的外部利益相关者——例如，客户、供应商和合作伙伴——可以提供比组织本身的知识储备更多的知识。例如，与大学研究人员的关系可以帮助企业保持其创新能力。因此，在企业中引入实践社区有望提高业务绩效。

　　尽管实践社区通常不是公司正式组织结构的一部分，但组织高管可以通过多种方式促进实践社区的发展。例如，可以通过支持参与这些活动使其正当化。此外，可以通过向他们寻求建议来提高参与实践社区的感知价值。还可以为实践社区提供资源，如资金或与外部专家的联系和接触渠道，以及支持虚拟会议和知识共享活动的信息技术，如博客和社交网络技术。

　　第三，可以通过建立专门支持知识管理的部门和角色来促进知识管理。这可以包括三方面的内容。首先，组织可以任命专人担任首席知识官职位，专门负责组织的知识管理工作。其次，组织设立单独的知识管理部门，通常由首席知识官领导。最后，两个传统的知识管理部门——研发部门和企业图书馆——也可以促进知识管理。研发部门支持关于最新或未来发展的知识管理，企业图书馆促进知识共享活动，作为组织、行业和竞争环境的历史信息存储库来支持业务部门。

1.5.3　信息技术基础设施

　　组织的信息技术基础设施也将促进知识管理。虽然某些信息技术和系统是直接为知识管理而开发，但为了满足整体信息系统需求，也离不开组织其他信息技术基础设施。信息技术基础设施包括数据处理、存储、通信技术和系统。组织信息系统包括对外的交易处理系统和对内的管理信息系统，由数据库、数据仓库以及企业资源规划系统等组成。系统评估信息基础设施可以考虑其在四个重要方面提供的功能：覆盖范围、深度、丰富性和聚合性。

覆盖范围指的是可访问和连接，以及这种访问的效率。对计算机网络来说，覆盖范围反映了可以有效访问的节点数量和地理位置。理想的情况是能够连接到任何人、任何地方。互联网的力量很大程度上归功于其覆盖范围，以及大多数人可以很便宜地使用它。提高覆盖范围不仅得益于硬件的进步，还得益于软件的进步。例如，跨公司通信标准和可扩展标记语言的标准化，使公司更容易与更广泛的贸易伙伴进行通信，包括那些与他们没有长期关系的贸易伙伴。

与此相反，深度关注的是可以通过媒介有效传达的信息的细节和数量。这个维度与带宽和信息个性化密切相关。深入而详细的信息沟通需要高带宽。与此同时，关于客户的深入和详细信息的可用性使个性化提高产品和服务成为可能。

媒介的深度受四个方面能力的影响：（1）同时提供多种信息，如肢体语言、面部表情、声音语调；（2）提供快速反馈；（3）个性化信息；（4）使用自然语言传达复杂事务。信息技术曾经一直被视为一种低深度的传播媒介。然而，随着信息技术的进步，其通信能力的丰富性显著提高。

最后，IT技术的快速发展大大增强了存储和快速处理信息的能力。这使得聚合来自多个来源的大量信息成为可能。例如，数据挖掘和数据仓库可以将来自多个来源的不同信息综合起来，从而挖掘新的模式信息。企业资源规划系统也提供了一个自然的平台，用于组织的跨部门知识聚合。

综上所述，上述四种信息技术能力可以增强公共知识或促进知识管理过程。例如，专家定位系统（也称为知识黄页或人员查找系统）是一种特殊类型的知识存储库，它可以定位组织中拥有特定知识的个人。这些系统依靠信息技术的广度和深度能力，使个人能够联系远程的专家，并寻求复杂问题的详细解决方案。知识系统还可以尽可能多地捕捉个人头脑中的知识，并将其存档到一个可搜索的数据库中，这是人工智能项目的主要目标，捕获专家知识的技术包括基于规则的系统和基于案例的推理等。但是，提取和编目专家知识到容易被组织中的其他人理解和应用的模型中，需要强大的知识工程流程来开发。因为知识工程工作所涉及的成本高昂，这种复杂的知识管理系统还没有在主流商业环境中大量采用。

1.5.4　共同知识

公共知识是实现知识管理的基础设施的另一个重要组成部分。它指的是组织在某一类知识和活动方面的累积经验以及支持沟通和协调的组织原则。共同知识为组织提供了统一行动的基础。它包括：共同语言和词汇，个体知识领域的共识，共同的认知模式，共享行动规范，以及共享知识的个体之间共同的专业知识。

共同知识通过将个人专家的知识与他人的知识整合在一起，有助于提高专家知识的价值。由于共同知识仅对一个组织来说是公共的，因此这种价值的增加也限于该特定组织，并不会转移到其竞争对手。因此，共同知识支持组织内部的知识转移，但将阻碍向组织外部的知识转移或泄露，从而有利于形成组织特定的竞争优势。

与共同知识相关的两个概念是吸收能力和共享领域知识。吸收能力是一个公司识别新的外部信息的价值，吸收并将其应用于商业目的的能力。它对企业的创新性至关重要。此外，吸收能力的发展高度依赖于以前获得的知识。因此，更多的共同知识会产生更大的吸收能力。另外，共享领域知识是共同知识的重要组成部分，它是来自不同领域（如信息技术和财务）的个人理解彼此关键流程和挑战的能力。共享领域知识是影响信息技术和业务主管之间信息系统愿景长期一致性的最重要的影响因素之一。

1.5.5　物理环境

组织内部的物理环境通常都没有受到足够重视，但它是知识管理的另一个重要基础。物理环境的关键方面包括建筑设计和建筑之间的分隔，办公室的位置、大小和类型，会议室的类型、数量和性质等。物理环境可以为员工提供见面和分享想法的机会，尽管这里的知识共享通常不是有意为之，但咖啡室、自助餐厅、饮水间和廊厅确实可以为员工提供学习和分享见解的场所。

许多组织正在创建专门设计的空间，以促进这种非正式的知识共享。例如，在两个被孤立的部门之间创造一个有吸引力的空间，以加强它们之间的知识共享。设置开放式办公室，精心安排，以鼓励偶发的知识共享。位置的安排要考虑最大限度地增加人们面对面交流的机会，这些人可能会互相帮助。例如，一名员工可能会走过大厅位于四个项目团队工作区域的交叉处的小吃区，这样她可能会遇到一个知道她的问题答案的人。

　　表 1 - 2 总结了知识管理基础设施的五个维度，指出了与每个维度相关的关键属性。

表 1 - 2　　　　　　　　　　　知识管理基础设施概要

维度	关键属性
组织文化	理解知识管理实践的价值 在各个层面为知识管理提供管理支持 奖励知识共享的激励机制 鼓励互动，创造和共享知识
组织结构	组织的层级结构（去中心化、矩阵化） 强调"领导力"而不是"管理" 实践社区 专门结构和角色（首席知识官、知识管理部门、传统研发部门和图书档案室等）
信息技术	覆盖范围
基础设施	深度 丰富性 聚合性
共识	共同的语言和词汇 个体知识领域的识别确认 共认知模式 共享的规范 个体间共同的专业知识
物理环境	建筑设计（办公室、会议室、廊厅） 专门为促进非正式知识共享而设计的空间（咖啡厅、自助餐厅、饮水机）

1.6 知识管理机制和技术

1.6.1 知识管理机制

知识管理机制是促进知识管理的组织或结构手段，其向上支持知识管理系统，向下由底层的知识管理基础设施支持。知识管理机制可能利用技术，也可能不需要技术支持，但它们确实涉及某种促进知识管理的组织安排或社会或结构手段。

知识管理机制的例子包括实践学习、在职培训、观察学习和面对面会议。更长期的知识管理机制包括聘请首席知识官、跨部门合作项目、传统的层级关系、组织政策、标准、新员工的入职过程以及跨部门的员工轮换。

1.6.2 知识管理技术

知识管理技术是一种信息技术，可以用来促进知识管理。因此，知识管理技术本质上与信息技术没有什么不同，但他们关注的是知识管理，而不是信息处理。知识管理技术也支持知识管理系统，并受益于知识管理基础设施，特别是信息技术基础设施。

知识管理技术是知识管理系统的重要组成部分。支持知识管理的技术包括人工智能（AI）技术，包括用于知识获取和基于案例的推理系统、电子讨论组、计算机模拟、数据库、决策支持系统、企

业资源规划系统、专家系统、管理信息系统、专家定位系统、视频
会议和信息存储库，包括最佳实践数据库和经验教训系统。知识管
理技术还包括新兴的万维网（Web）2.0 技术，如维基（wiki）和
博客（blog）。

使用知识管理技术的例子包括结合使用视频采访、以文件和报
告系统记录接近退休雇员的知识。同样，桌面视频会议改善了通
信，使许多问题远程交流就能得到解决。

1.7　知识管理基础的管理（基础设施、机制和技术）

知识管理基础设施、机制和技术是任何组织知识管理解决方案
的基础。其中知识管理基础设施具有根本的重要性，具有长期影
响，需要在高管的密切参与下谨慎管理。在任何情况下，知识管理
基础设施的所有方面（例如，组织结构、组织文化、IT 基础设施、
公共知识和物理环境）不仅影响知识管理，而且影响组织运营的所
有其他方面。因此，确保知识管理基础设施确实受到高层管理人员
的关注，在有关这些基础设施方面的决策中明确考虑知识管理是很
重要的。在这方面，知识管理职能的领导者和组织的高层管理人员
之间的强有力的关系起着重要的作用。

知识管理机制和技术相互作用，相互影响。知识管理机制依赖
于技术，虽然有些机制依赖于技术的程度大于其他机制。此外，随
着时间的推移，知识管理技术的改进可能导致知识管理机制的改变

（可能是改进，或在某些情况下减少某种知识管理机制存在的必要性）。在管理知识管理机制和技术时，必须认识到机制和技术之间的相互关系。此外，重要的是在技术的使用和社会结构机制之间取得适当的平衡。一方面，技术进步可能导致人们过于注重技术而忽略了结构和社会方面。另一方面，一个信息技术基础设施薄弱的组织可能依赖于社会和结构机制，而忽略了潜在的有价值的知识管理技术。

　　因此，有些组织更关注知识管理技术，有些组织更关注知识管理机制，而有些组织则在一定程度上平衡地使用知识管理技术和机制。

1.8　知识管理流程

　　知识管理流程包括应用知识的过程、获取知识的过程、共享知识的过程和创造知识的过程，见图1-8。这四个知识管理过程由七个知识管理子过程支持，其中社会化子过程支持两个知识管理过程，即知识发现和共享。

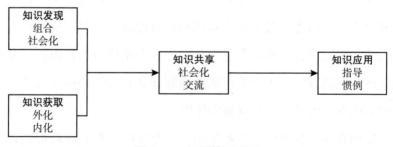

图1-8　知识管理流程

1.8.1　知识发现

知识发现是从数据、信息或已有知识的合成中发现新的隐性或显性知识。新的显性知识的发现直接依赖于知识组合，而新的隐性知识的发现直接依赖于社会化。无论哪种情况，新知识都是通过两个或多个不同领域的知识合成而发现的，来自两个领域的显性知识通过组合合成，来自两个领域的隐性知识通过社会化合成。

（1）组合。

新的显性知识是通过组合发现的，其中，多种显性知识（和/或数据、和/或信息）通过合成，可以创建新的、更复杂的显性知识。通过沟通、整合和系统化多种显性知识，新的显性知识被创造出来，可能是渐进式的新知识，也可能是突破式的新知识。现有的显性知识、数据和信息通过重新配置、重新分类和重新置于新的应用环境，可以产生新的显性知识。例如，当向客户准备新的咨询报告时，嵌入在先前提案中的显性数据、信息和知识可能会被合并到新的报告中。此外，数据挖掘技术还可以用来发现数据之间的新关系，从而创造预测或分类模型表示的新知识。

（2）社会化。

社会化是个体间隐性知识的合成，通常通过共同的活动而不是书面或口头指令进行。这包括通过共享心智模型、头脑风暴提出新想法、学徒或指导活动等来达成共同的理解。例如，组织头脑风暴，就解决项目开发中的困难问题进行详细讨论。这些非正式会议通常可在工作场所以外的地方举行，每个人都应被鼓励参与讨论，不允许任何人提及所涉员工的地位和资格。这种集思广益会议不仅可被用于开发新产品，也可被用于改进管理系统和商业战略。其他类似的还有"知识日""知识咖啡屋"或一个团队向另一个有经验的团队进行"知识萃取"活动等，来鼓励这种隐性知识共享。

社会化的最大优点也是它的最大缺点：新知识是隐性的，很少被记录下来，仍会留在最初参与者的脑海中。虽然社会化是一种非常有效的知识发现和共享手段，但它是一种比较有限的手段，仅用这种方式传播所有的知识非常困难和耗时。经过长时间发展和内在化，隐性、复杂知识几乎不可能在文档或数据库中再现。由于这种知识包含了长期积累的知识，其规则很难与个人的行为分开。

1.8.2 知识获取

知识可以存在于个人、工件（良好实践、技术或存储库）和组织实体（组织中的部门、组织、组织间网络）中。此外，知识可以是显性的，也可以是隐性的。有时，知识存在于个人头脑中，但个人并没有明确意识到这些知识并与他人分享，同样地，知识也可能以明确的形式存在于手册中，但可能很少有人完全理解其中的知识。从个人头脑中获取隐性知识，或者从手册等中获取显性知识以便与他人共享，这都是知识获取关心的问题。

知识获取可以定义为找回驻留在人员、工件或组织实体中的显性或隐性知识的过程。此外，所获取的知识可能位于组织边界之外，包括顾问、竞争对手、客户、供应商和组织新员工的前雇主。

知识获取过程直接受益于知识管理的两个子过程——外化和内化，分别有助于捕获隐性知识和显性知识。

（1）外化。

外化是将隐性知识转化为明确的形式，如文字、概念、视觉或比喻性语言（例如，隐喻、类比和叙述）。它有助于将个人的隐性知识转化为更容易被团队其他成员理解的显性形式。这是一个困难的过程，因为隐性知识通常难以表达。外化可以通过隐喻的使用来实现，也就是用一种事物来理解和体验另一种事物。外化的一个例子是，咨询团队编写的文档中描述团队从客户的组织架构、管理人员以及工作方法中总结到的经验教训。

（2）内化。

内化是显性知识向隐性知识的转化。它代表了传统的学习观念。显性知识可以体现在行动和实践中，获得知识的个体内化这些知识后可以重复执行他人的过程。或者，个人可以通过阅读手册或其他人的故事来替代，也可以通过模拟或实验来体验。内化的一个例子是软件开发工程师阅读一本关于软件开发创新方法的书并从中学习，这种学习有助于工程师和其组织掌握书中所包含的知识。

知识获取可以通过项目详细报告完成。如咨询公司在每个项目之前，要求咨询顾问完成一个简短的表格，描述将需要的知识，包括可以从以前的项目中利用哪些方面的知识、将需要的新知识以及希望从其他项目团队中学习的经验教训。项目完成后，通过团队会议总结更详细的报告，记录经验教训。然后这些详细的报告文件可以发布在内部网站。知识管理小组可以每隔几周就准备、发布和推送一份所学知识的总结。

1.8.3 知识共享

知识共享是将显性或隐性知识传递给其他个体的过程。知识共享的含义包括三个方面。第一，知识共享意味着有效知识转移，使知识的接受者能够很好地理解知识并采取行动。第二，共享的是知识，而不是基于知识的方案。前者是接收者获取共享的知识，并能够在此基础上采取行动，而后者只涉及知识的利用，接收者并没有内化共享的知识。第三，知识共享可能发生在个人之间，也可能发生在团体、部门或组织之间。

如果知识的所在位置与所需位置不同，那么要么进行知识共享，要么直接进行知识应用而不进行共享。共享知识是提高组织创新性和绩效的一个重要过程。

在知识管理学术文献中同时存在知识共享和知识分享这两个名词术语，而对应的英文只有"knowledge sharing"。在汉语中共享是指两个或两个以上的人共同拥有，而分享是指某人将某物分给其他人享用，物品分享后分享者就不再拥有该物品。由于知识在对方接受后本方依然拥有这些知识，即共同拥有，因此采用知识共享这个术语更加准确一些。

不同文献中对知识共享的定义并不统一，如王和诺埃（Wang and Noe）定义知识共享为提供任务信息和技术诀窍以帮助他人，或与他人合作解决问题时提出新想法、新的政策或程序[13]，可以通过书面或网络通信、面对面的沟通或者通过专门的知识管理系统。该定义强调知识共享在个人层次中的知识提供环节，是最狭义的理解。在周和李（Zhou and Li）关于知识共享对于突破性创新作用的研究中，其测量项目包括了企业内部各层次之间的知识提供和接收[14]。而霍和加尼森（Ho and Ganesan）关于平行企业之间知识基础与知识共享关系的研究中，知识共享变量测量的内容为企业之间的知识提供与接收两个环节[15]。

施瓦茨（Schwartz）在《知识管理词典》中定义知识共享为个人以及团队、组织内部和组织之间的知识交流[16]。该定义中的知识共享不仅包括个人之间的知识共享，还包括组织内部部门间和组织之间的知识共享，是知识共享的广义定义。

取决于共享的是显性知识还是隐性知识，可分别采用交流过程与社会化过程。社会化过程无论在有新的隐性知识被创造出来的情况下，还是在没有新的隐性知识被创造出来的情况下，都有助于隐性知识的共享。社会化过程在知识发现和知识共享方面没有本质区别，尽管社会化过程的使用方式可能有所不同。例如，当用于共享知识时，面对面会议形式的社会化可能包括知识发送者和接受者之间的问答环节。而在用于发现新知识时，面对面的会议可能需要更多的辩论或共同解决问题。

与社会化相比，交流侧重于显性知识的分享。它被用来在个人、团体和组织之间交流或传递明确的知识。从本质上讲，显性知识交流的过程与信息交流的过程并无不同。交流的一个例子是一位员工将产品设计手册交给另一位员工，然后就可以使用手册中包含的明确知识。

1.8.4　知识应用

知识应用是在组织内部利用知识来做出决策和执行任务的过程，

从而有助于组织提高绩效水平。当然，知识应用的过程取决于可用的知识，而知识本身取决于知识发现、获取和共享的过程。知识发现、获取和共享的过程越充分，所需要的知识在决策和任务执行中被有效应用的可能性就越大。

在应用知识时，使用知识的一方不一定要理解它。所需要的就是以某种方式使用这些知识来指导决策和行动。因此，知识的应用可以得益于两个过程——例程和指导——这两个过程不涉及有关个人之间的实际知识转移或交换，而只涉及在特定背景下适用的建议的转移。

指导是指拥有知识的个体指导另一位个体行动的过程，而没有将所涉及的底层知识转移给另一位个体。指导涉及指令或决定的转移，而不是做出这些决定所需的知识的转移，因此也被称为知识替代。这既保留了专业化的优势，又避免了隐性知识转移中固有的困难。当一位生产工人打电话给一位专家，询问如何用机器解决一个特定的问题，然后根据专家给出的指令来解决问题时，就会使用这个过程。生产工人这样做并没有获得相关的知识，因此，如果将来再次出现类似的问题，他将无法识别问题，因此，如果不请专家，他也无法自己解决它。类似地，如果一位学生在考试时问他的同学一个问题的答案，得到答案后（当然也可能是错误的），双方之间并没有有效的知识共享，这意味着这位学生下次面对稍微不同的问题时，他将仍然无法给出正确答案。

指导和社会化或交流之间存在区别。在社会化或交流中，知识分别是以隐性或者显性的形式实际转移给另一方。

例程是利用嵌入在程序、规则和规范中的知识来指导未来行为。

例程比指导更能节省沟通，因为知识已经被嵌入程序或技术中，然而，例程需要时间来逐步开发完善。例程可以通过信息技术的使用实现自动化，例如，知识库可以为客服专员、现场工程师、咨询顾问和最终用户自动提供特定情景下的解决方案。类似地，库存管理系统利用了大量关于需求和供应之间关系的知识，但这些知识都不需要通过个人之间的交流。此外，企业信息系统也已经对特定行业的业务流程进行了编码。

接下来，研究利用知识管理机制和技术来支持知识管理流程的知识管理系统，几种特定的知识管理技术在实现知识管理系统中的作用。

1.9　知识管理系统

知识管理系统是为支持四种知识管理过程而开发的技术和机制的集成。根据直接支持的知识管理过程，知识管理系统可以分为四种类型：知识应用系统、知识获取系统、知识共享系统和知识发现系统。

1.9.1　知识发现系统

知识发现系统支持从数据和信息或从已有知识的组合中发现新的隐性或显性知识的过程。这些系统支持与知识发现相关的两个知识管理子过程：通过组合发现新的显性知识；通过社会化发现新的隐性知识。

因此，可以通过促进组合和/或社会化的机制来支持知识发现。促进组合的机制包括协作解决问题、联合决策和协作创建文档。例如，在高层管理级别，通过共享与中期计划（例如，产品概念）相关的文档和信息，并将其与长远计划（例如，企业愿景）相结合，从而产生这两个领域的新知识，可以更好地理解产品和企业愿景。促进社会化的机制包括学徒制、跨领域的员工轮岗、会议、头脑风暴、跨部门合作项目以及新员工的入职过程。

促进组合的技术包括知识发现系统、数据库和基于万维网的数据访问。通过对显性知识（如在计算机数据库中进行的）进行排序、添加、组合和分类，对现有信息进行重新配置，可以产生新的知识。情报数据库、最佳实践数据库和经验教训系统也有助于知识组合。技术也可以促进社会化，尽管其程度不如知识组合。一些促进社会化的技术包括视频会议和对实践社区的计算机系统支持。

1.9.2 知识获取系统

知识获取系统支持检索驻留在人员、工件或组织实体中的显性或隐性知识的过程。这些系统可以帮助获取存在于组织内部或外部的知识，包括组织内部领域工作者、竞争对手、客户、供应商和新员工以前的雇主。知识获取系统依赖于支持外化和内化的机制和技术。

知识管理机制可以通过促进外化实现知识获取，即隐性知识转化为显性知识；或者促进内化实现知识获取，也就是将显性知识转化为隐性知识。模型或原型的开发、最佳实践或吸取的经验教训的阐明都是外化机制的例子。通过实践学习、在职培训、观察学习和面对面的会议是促进内化的一些机制。例如，产品部门经常派新产品开发人员到呼叫中心与客服专员交流，从而帮助开发人员了解客户关心的问题，也有助于客服专员更好地理解产品知识从而更好地解决客户的问题。

技术还可以通过促进外化和内化来支持知识获取系统。通过知识工程将知识外化，包括将知识集成到信息系统中，以解决通常需要大量专业知识的复杂问题，是实现智能技术如专家系统和基于案例的推理系统的必要条件。促进内化的技术包括基于计算机的培训和通信技术。使用这种通信设施，个人可以内化来自另一个专家、基于人工智能的知识或基于计算机模拟的知识。

1.9.3　知识共享系统

知识共享系统通过支持显性知识的交流过程和隐性知识的社会化过程来支持显性或隐性知识传递给其他个体。支持社会化的机制和技术在知识共享系统中发挥着重要作用，如知识共享系统中的讨论组允许个人向组中的其他成员解释其知识，从而促进知识共享。此外，知识共享系统也利用促进交流过程的机制和技术。促进交流过程的机制包括备忘录、手册、进度报告、信件和演示文稿。促进交流的技术包括群件、可通过网络访问的数据库以及最佳实践数据库、经验教训系统和寻找领域专家的专业知识定位系统。

1.9.4　知识应用系统

知识应用系统支持利用其他人所拥有的知识，而不需要实际获取或学习这些知识。知识应用系统通过促进例程和指导来支持知识应用。

促进指导的机制包括层级式组织、技术支持中心等。支持例程的机制包括组织政策、最佳实践、组织流程和标准。例程机制可能在一个组织之内（例如，组织流程）或组织之外（例如，行业最佳实践）。

支持指导的技术包括嵌入专家系统和决策支持系统，以及基于案例推理等技术的故障排除系统。而一些促进例程的技术是专家系统、企业资源规划系统和传统的管理信息系统。

表1-3总结了知识管理流程和知识管理系统的内容，并指出了一些可能促进知识管理流程和知识管理系统的机制和技术。从中可以看出，相同的工具或技术可以用来支持多个知识管理流程。

表 1-3　　　　　　**知识管理流程和系统、机制与技术**

知识管理流程	知识管理系统	知识管理子流程	知识管理机制	知识管理技术
知识发现	知识发现系统	组合	会议、电话、共享文档、协同创建文档	数据库、基于网络的数据访问、数据挖掘、情报库、门户网站，最佳实践和经验教训库
		社会化	员工部门间轮岗、会议、头脑风暴、联合项目	视频会议、电子讨论组和电子邮件

知识管理流程	知识管理系统	知识管理子流程	知识管理机制	知识管理技术
知识获取	知识获取系统	外化	模型、原型、最佳实践和教训	专家系统、聊天室、最佳实践和经验教训库
		内化	边做边学、岗位培训、通过观察学习、面对面会议	基于计算机的沟通、基于人工智能的知识获取、计算机模拟
知识共享	知识共享系统	社会化交流	同上备忘录、手册、信件、演示文稿	同上团队协作工具、基于网络的数据访问、数据库、情报库、最佳实践数据库、经验教训系统和专家定位系统
知识应用	知识应用系统	指导	传统层级结构、知识支持中心	专家知识获取和转移系统、故障诊断系统、基于案例的推理和决策支持系统
		例程	组织政策、例行工作	专家系统、企业资源规划系统和管理信息系统

1.10 知识管理解决方案的管理

首先，组织应该结合使用四种类型的知识管理流程和系统。根据组织的商业战略，可能某一种知识管理流程是最合适的，但只关注一种类型的知识管理流程以及相应类型的知识管理系统是不合适的，因为不同知识管理流程的目标是可以互补的。如知识应用能提高效率，然而过于强调知识的应用会减少知识的创造，因为知识创造需要个体从多个不同的角度看待同一个问题，从而最终降低效果和创新。

知识获取使知识由隐性转化为显性，或由显性转化为隐性，从而促进知识共享，然而它可能会导致对知识创造的关注减少。此外，知识获取可能导致部分知识在转换过程中丢失：不是所有的隐性知识都在外化过程中转化为显性知识，也不是所有的显性知识都在内化过程中转化为隐性知识。

知识共享可以提高效率和促进创新，然而过多的知识共享可能会导致知识从组织泄露到竞争对手，从而减少组织利益。

知识发现促进创新，然而过分强调知识发现可能会降低效率。创建新知识并不总是合适的，就像重用已有知识并不总是合适的一样。

其次，每个知识管理流程可以从两个不同的子流程中受益（见图1-8）。子流程是相互补充的，例如，知识共享可以通过社会化或交流过程来实现。如果共享的知识本质上是隐性的，则适宜采用社会化流程；如果共享的知识本质上是显性的，则适宜交流过程。然而，当个体需要共享隐性和显性知识时，这两个子流程（社会化和交流）可以整合在一起，例如，在一个面对面的会议中，使用社会化来转移隐性知识，参与者也会共享包含显性知识的打印报告。总的来说，组织或者团队内的这七个知识管理子流程应该一并采纳，这样就可以利用各种方式相互补充。

再次，正如前面所讨论的，知识管理过程的七个知识管理子流程都依赖于知识管理机制和技术。此外，可以使用相同的机制来支持多个不同的子流程。这些机制和技术的开发和采购应分别根据最适合组织环境的知识管理流程来进行。

最后，知识管理流程和系统应该相互考虑，以便组织建立一个相互补充的知识管理流程和系统的组合。这需要高级管理人员的参与、组织的长期知识管理战略，以及对各种知识管理系统和流程的协同作用和共同基础的理解，例如，可能支持多个知识管理系统和流程的机制和技术。

在知识管理战略和业务战略之间应该保持一致。商业战略和知识管理之间的结合有助于提高组织绩效。企业的商业战略和知识管理之间的一致性要求知识管理需要针对企业成功至关重要的领域。当企业的学习和知识战略与其商业战略相匹配时，知识和学习的影响是积极的，如果没有达成匹配，知识和学习可能没有影响，甚至对组织绩效会有负面影响。

1.11 本 章 总 结

本章详细解释了知识的性质、知识与数据和信息的区别。将知识定义为与特定领域相关的概念之间关系的合理信念。分析了隐性知识和显性知识的特征。对知识管理进行了定义，讨论了知识管理解决方案的五个组成部分：知识管理流程、知识管理系统、知识管理机制、知识管理技术和知识管理基础设施。

第2章

复杂产品系统知识共享
问题与意义

2.1 研究背景

2.1.1 复杂产品系统创新的重要性

当前我国正处于资源驱动型经济向创新经济模式转变的关键阶段。劳动力等生产要素成本上升，资源和环境约束不断强化。一方面，发达国家高端制造业回流本国，跨国公司甚至一些本土企业开始将劳动密集型产业向劳动力成本更低的越南、孟加拉国等地区转移，主要依靠资源投入规模扩张的资源驱动型经济难以为继。另一方面，中国制造虽然在规模和价格上具有了世界竞争力，但在很多复杂产品系统的高精尖水平和大规模标准化生产产品的精致化和人性化水平上还有明显差距，面临着制造业大而不强、核心共性技术对外依赖性高的困境。我国是工业机器人第一大消费国，但国产机器人市场份额仅占约 30%①，并且工业机器人代替工人还将导致失去人力资源成本优势。

日本在战后迅速崛起，在竞争激烈的知识经济时代甚至超过了美国。科睿唯安（Clarivate）发布的 2018～2019 年度全球百强创新企业中日本占有 39 家，美国占有 33 家，我国企业目前仅占有 3 家②。日本不仅在知识经济中独占鳌头，在知识管理领域更有野中郁次郎、延冈（Nobeoka）等著名知识管理学者与丰田（Toyota）、本田（Honda）、尼桑（Nissan）等企业联合开展知识管理研究并为其提供坚实的理论支持[17-20]。我国要迎头追赶美日创新能力，除了国家层面的宏观政策支持，必须使企业处于创新主体地位，重视知识管理理论对于复杂产品系统创新的系统指导作用。

为了建设引领世界制造业发展的制造强国，2015 年 5 月国务院发布了《中国制造 2025》制造业发展规划，目标是转变为以创新为基础的制造强国[21]。该计划大力推动的重点发展领域包括新一代信息技术、航空航天装备、高档数控机床和机器人、轨道交通装备、海洋工程装备及高技术船舶等大部分属于复杂产品系统的范畴。党的十九大报告指出必须以全球视野谋划和推动创新能力，提高集成创新、原始创新和引进消化吸收的再创新能力，并且更加注重协同创新。

在理论层面，随着知识在经济发展中的地位日益提升，企业战

---

① 喻思娈. 机器人为何严重依赖进口 [EB/OL]. 人民网，(2016 - 01 - 04) [2020 - 06 - 15]. http://finance.people.com.cn/n1/2016/0104/c1004 - 28006929. html.

② Clarivate Analytics. Derwent Top 100 Global Innovators 2018 - 19 Report [EB/OL]. (2019 - 01 - 25) [2019 - 06 - 15]. https://clarivate.com/top100innovators.

略管理领域出现了企业知识基础观[22]。该观点拓展了基于资源的企业理论，认为基于有形资源提供的产品取决于资源的组合和应用，而这又取决于公司技术诀窍知识。这些知识嵌入在包括组织文化、程序、政策、系统、文档以及员工个体等的诸多实体之中。因为知识资源通常很难模仿并且具有复杂的社会属性，企业知识基础观认为这些知识资产可以产生长期的可持续竞争优势。相对于特定时间的知识存量，企业更多是由于具有了有效地应用现有知识和创造新知识的能力从而形成了从知识资产中取得竞争优势的基础。

知识资源是企业最重要的战略资源，企业的知识管理与创造能力是成功的关键要素。世界经济论坛主席施瓦布（Schwab）在达沃斯（Davos）2012 年年会上发言表示创新能力已经取代资本成为最重要的生产要素①。

如果能够明智合理地管理宝贵的知识资产，无论目的是取得突破性创新抑或只是改善其流程，组织都将从其中受益[23]，否则即使完美无瑕的执行也无法保证知识经济的持久成功，大多数领域的新知识都会让缺乏学习和创新能力的企业很容易落后。在 20 世纪 70 年代早期全球最大、最具盈利性的通用汽车公司对其管理方法和智慧充满信心，坚持集中控制和大批量执行的良好能力。尽管如此，该公司在随后的几十年中稳步失势并于 2007 年创下了年度亏损 387 亿美元的历史纪录。与许多工业时代占主导地位的公司一样，通用汽车很难理解为何良好的执行难以为继，不是因为人们厌倦了努力工作，而是因为一味强调执行效率的管理思维抑制了员工的学习和

---

① SCHWAB. The End of Capitalism-So What's Next? ［EB/OL］（2012 – 04 – 18）［2021 – 06 – 15］. https：//www. weforum. org/agenda/2012/04/the – end – of – capitalism – so – whats – next/.

创新能力。专注于正确完成任务挤出了至关重要的实验和反思工作。相反，工业时代另一个强大的企业通用电气公司，自 20 世纪 80 年代以来在韦尔奇（Welch）的领导下不断评估其业务方法并持续改进，建立了学习是业务活动不可或缺的组成部分的组织文化，持续重塑了该公司在风能和医疗诊断等各个领域的业务，2007 年的利润为 225 亿美元[24]。但通用电气 2015 年 10 月以来业绩恶化，《哈佛商业评论》报道主要原因归结为激进投资者的压力以及短视的并购策略，管理层没有把主要精力集中在为客户提供价值上①，这从反面说明组织学习能力和创新能力是现代企业的生存之本。

2.1.2　知识共享对组织知识创造和创新的重要作用

最早的知识共享可以追溯到 35000 年前早期人类通过在岩石上刻画传递信息和经验。数百年来工匠精心教导学徒行业工艺知识，家族企业的业主会将其商业智慧传授给其子代，工人也经常交流思想和技术诀窍，所以知识共享并不是新鲜事物。但直到 20 世纪 90 年代，企业管理者们开始谈论知识共享。随着工业化经济体的基础从自然资源转向知识资产，管理者被迫去审视业务过程中所蕴藏的知识以及如何利用这些知识。同时，电脑网络的兴起使得编码、存储和分享知识比以前更容易和廉价。

个人知识创造是一个持续的、自我超越的过程，通过获得新的

---

① MARTIN. GE's Fall Has Been Accelerated by Two Problems. Most Other Big Companies Face Them, Too [EB/OL] (2018 - 06 - 01) [2021 - 05 - 05]. Harvard Business Review, https：//hbr. org/2018/06/ges - fall - has - been - accelerated - by - two - problems - most - other - big - companies - face - them - too.

情景、新的视角和新的知识而超越旧的自我，进入新的自我，是一个"从存在到成为"的旅程。组织知识创造是通过个体之间或个体与其环境之间的相互作用而产生的，个体（微观）受到环境（宏观）的影响。组织知识创造是将个人创造的知识加以明确和具体化，并将其与组织的知识体系进行连接、利用和放大的过程，个人在其工作和生活中所获得的知识使得同事受益，并最终使整个组织受益[6,25]。

日本著名知识管理学者野中郁次郎和竹内认为[3]，组织知识的创造是四个过程连续循环的结果：外化、内化、组合和社会化，这四种知识转换机制是相互补充和相互依赖的，该模型被称为 SECI（Socialization-Externalization-Combination-Internalization）知识创造模型（见图 2 - 1）：

外化——从隐性到显性：通过使用诸如隐喻和模型等技术，明确地阐明"概念"隐性知识。

组合——从显性到显性：通过排序和组合等技术加工明确的"系统"知识。为此，知识元素必须"融合在一起"。

内化——从显性到隐性：这是"通过实践学习"经验知识，分享心理模型和技术知识的过程。

社会化——从隐性到隐性：与他人分享难以编码化的经验。

在知识创造的四个循环往复、螺旋式上升的阶段中，组合阶段是显性知识的共享，社会化阶段是隐性知识的共享，可见知识共享是知识创造的重要基础环节，也是组织知识创造过程中最可管理的环节，其他外化和内化两个环节则主要取决于员工个人的创造性。

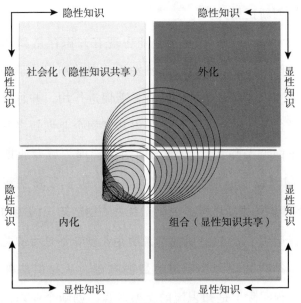

隐性知识　　　　　　　　　　隐性知识

社会化（隐性知识共享）　　　　　　外化

隐性知识　　　　　　　　　　　　　显性知识

内化　　　　　　　组合（显性知识共享）

隐性知识　　　　　　　　　　　　　显性知识

显性知识　　　　　　　　　　显性知识

图 2 - 1　组织知识创造模型

依据基于知识观的企业理论，知识是企业最重要的战略资源，企业的成功依赖于其创新能力[26,27]。创新包括新颖性、商业化和（或）内部实施，即如果一个想法尚未开发并转化为产品、流程或服务，或尚未商业化，那么就不能称为创新。约翰内森（Johannessen）研究指出无论是渐进式产品创新、突破性产品创新、渐进式流程创新还是突破式流程创新都需要隐性和显性知识的开发，并需要不同的知识共享方式[28]。庞帕多（Popadiuk）等研究了知识创造和创新的关系，进一步显示渐进式产品创新、突破性产品创新、渐进式流程创新、突破式流程创新四种创新分别是显性知识和隐性知识与市场知识的组合[29]。这些研究都说明知识共享是增强创新能力的基础和关键。许世春从知识的广度和深度入手研究了两个维度对创新的作用，结果显示知识的广度与突破性创新正相关，而知识的深度与渐进性创新正相关[30]。

罗波尔（Roper）等研究了企业中现有知识存量和知识共享对企业创新的作用，发现企业内部研发活动中的知识共享和企业搜索外部知识的知识共享对企业创新有显著促进作用，并且企业内部的知识共享对企业搜索外部知识的知识共享和企业创新之间的关系具有显著的正向调节作用[31]。著名的知识管理领域专业期刊甚至在2011 年专门出版了一期探讨知识共享、组织学习和创新关系的特刊[32]。管理学家德鲁克指出企业需要具备创造知识的能力并以创新的形式进行运用[33]。这些研究都说明企业创新不是无源之水和无本之木，而必须有知识作为不可或缺的基础。从知识基础观的角度看，创新过程实际上是知识流的交换过程。创新企业识别市场机会和相关技术，然后生成产品概念，结合所需的知识形成新产品。因此，知识共享是响应变化环境而进行创新的催化剂。

在知识经济时代组织必须通过知识管理鼓励企业知识共享，通过集体智慧提高自身的适应能力和创新能力。知识在组织边界内和跨组织边界流动，使企业能够利用所获得的知识资源快速响应外部需求，预测市场环境的变化。对于知识密集的复杂产品系统，促进知识在组织内部和外部边界的流动更具有特殊意义。

2.2 复杂产品系统知识共享的特殊性与问题的提出

复杂产品系统知识共享是在复杂产品系统开发中，在个人之间、项目部门之间和企业之间，为了提升复杂产品系统创新绩效和安全运行而提供和接收相关的知识。复杂产品系统的特殊性增强了知识共享的迫切性，同时也为知识共享带来特殊的促进条件和困难。

2.2.1　复杂产品系统的特殊性

与规模化生产的产品相比，复杂产品系统在产品特征、生产特征、创新过程、竞争战略与创新合作、产业协作和进化以及市场特征等方面都有明显的不同之处，这体现在高产品复杂性和高风险、高研发成本和生产成本、生产过程高度集成化以及高客户参与度，其产品市场往往由少数企业所垄断。用来描述技术生命周期的著名的传统技术创新理论艾伯纳西（Abernathy-Utterback）模型也并不完全能够解释复杂产品系统的创新过程和产业进化。

（1）复杂产品系统的高度复杂性和非线性反馈效应。

复杂产品系统的复杂性反映了定制组件的数量、所需的知识和技能的广度、深度和生产中所需涉及的新知识，如现代大型飞机需要涉及新材料、软件技术、流体力学及通信系统，并且这些子系统需要密切配合协调才能完成系统整体的功能。

复杂产品系统的高度复杂性还反映在多层次结构和各种技术的高度集成上，生产过程涉及大量研究开发工作。复杂产品系统是由子系统、模块和组件组成的多级模块结构，组件、模块、子系统各个层次级别之间存在高度复杂的交互作用。复杂产品系统的多层次级别模块结构特征决定了其技术含量高度复杂，技术知识密集，系统整体功能的发挥依赖多学科、跨专业的多种门类技术集成。由于复杂产品系统的技术和结构的高度复杂性，需要核心系统集成商、组件供应商、客户和其他单位共同协作完成。各个研发参与者同时从事不同子系统或子模块的研发，系统集成商最终完成复杂产品系统的总装集成、调试和交付，因此复杂产品系统的研究与开发涉及众多学科门类专业知识，生产制造过程高度集成化，其研究开发过程是由包含主集成商、客户、零部件供应商、政府监管机构等各方主体联合组成的协作创新网络共同完成的。

由于复杂产品的多层次高度复杂结构，子系统、子模块和组件之间具有多种非线性反馈效应，复杂产品系统中的任何微小的局部调整都将对整体复杂的产品功能和性能产生重大影响。合作链条中的任何问题都会影响整个复杂产品系统的最终功能，因此复杂产品开发的风险很高，在项目开始时很难准确预测复杂产品的开发结果和开发周期。

（2）复杂产品系统的定制性与单批量或小批量生产。

复杂产品系统通常具有客户定制的功能要求，客户可能对复杂产品系统的某方面功能、性能和具体结构有特定要求，因此复杂产品系统供应商需要根据客户的订单进行研发和生产制造。由于复杂产品系统项目的客户定制性，项目研发的最佳实践也经常需要与新情况相适应，学习曲线通常很难明确定义。与一般的大规模批量制造产品不同，复杂产品系统的客户通常也需要适当参与复杂产品系统的研究开发和生产制造过程。复杂产品系统需求一般难以在初始阶段明确界定，供应商和用户之间并不能完全清晰地规定需求，需求经常经历扩充与改动调整。因此客户与复杂产品系统供应商在项目谈判阶段共同研究确定产品需求后，供应商还需要在随后的研究开发阶段和客户进行频繁的沟通，向客户反馈复杂产品系统开发过程和阶段性成果，供应商经常也需要根据客户的反馈意见对复杂产品系统再进行一定的调整，通过沟通和协作使得设计更加合理化，更能满足客户的真实合理需求。

由于复杂产品系统的定制性，复杂产品系统一般采用单批量生产或小批量生产。这样就可以使用户直接深度参与研发过程，创新过程可以更直接地结合商业用户的需求，这与大规模批量生产的产品通过市场交易行情反馈需求信息的情况大不相同。作为复杂产品系统用户的企业，业务增长和盈利能力（例如运输设备和制造业的资本品）则主要依赖于复杂产品系统的成功。

（3）复杂产品系统的项目制组织形式。

复杂产品系统的研发和生产一般采用项目制形式[34]，这种形式有利于知识创造但却不利于知识共享[35]。其项目团队员工往往由来自各主体的员工构成，而各主体的项目团队员工的组织文化、专业知识与实践经验等都存在明显差异，并且由于项目结束后团队员工可能又会回到派出单位，并被分配到新的项目中，因此，项目团队员工难以形成稳定的社会联系，团队整体社会资本形成存在困难。

（4）复杂产品系统需要持续产品创新。

复杂产品系统的持续创新特性表现在两个方面。首先，复杂产品系统的产品创新与工艺创新在其整个生命周期中同样重要。许多复杂产品系统的生命周期可能持续数十年。产品投入运营后，供应商还需要根据技术变化和客户需求不断创新和改进，而不是像传统的艾伯纳西创新模型所指出的技术首先是从大量产品创新增加开始，在主导设计确定之后工艺创新开始增加，同时产品创新逐渐减少，一直到生命周期最后阶段随着技术的趋于成熟，产品创新和工艺创新以及该领域内创新驱动的企业都大量减少的动态变化过程。其次，产品创新中集成产品创新与零部件产品创新同样重要。在确定架构设计之后，复杂产品系统仍然需要大量零部件级别的创新，并且创新的数量甚至可能超过整体架构设计中的创新数量，但它仍然属于产品创新，而不是工艺创新，所以不符合艾伯纳西创新模型所描述的在主导设计确定后，产品创新率急剧下降，产品基本稳定的情形。

（5）市场垄断与政策环境的影响。

由于复杂产品研发成本和生产成本高、产品复杂度高且项目风险大，掌握复杂产品关键核心技术的厂商相对较少，同时复杂产品系统的客户主要是政府部门和大型企业，因此复杂产品系统市场具有寡头垄断市场的特点。许多复杂产品系统还涉及国家安全或支柱产品的经济安全，复杂产品系统与大规模批量生产产品在国家宏观管理制度层面上也存在重要区别，即政府对复杂产品系统具有更严格的管理制度，政府的行为对复杂产品系统创新和产业竞争力的最终形成将产生重要影响。政府影响复杂产品创新的最直接的手段是行业技术标准与法规和政府采购决策。因此，国家政策对复杂产品系统的生产和创新都会具有深远的影响，中国高速铁路的发展过程充分证明了政府政策对复杂产品系统发展的重要积极作用，美国以国家安全为借口要求在其第五代移动通信技术（5G）移动通信网络建设中禁止采用华为核心网络设备系统则说明了政府政策对复杂产品系统厂商的严重消极影响。

复杂产品系统的特点对建立知识管理系统、实现知识充分共享提出了更加迫切的要求。针对复杂产品系统的特点建立复杂产品系统研究开发过程中的知识共享理论和方法是知识管理理论完善发展的需要，也是指导当前我国改变经济发展方式、提升企业与国家整体创新水平的现实需求。

2.2.2　复杂产品特征对知识共享的影响

（1）知识共享的需求更加迫切。

复杂产品系统是典型的知识密集型产品，其涉及的知识深度和广度都较大，技术难点多，涉及学科广，如通常涉及的机械、通信、电子、液压、气动和软件等多学科领域，其每个组件、子系统都有可能由不同专业领域的零件组成，这些成千上万的组件、子系统需要进行直接或间接交互。复杂产品系统设计流程环节较多，每个环节的设计人员不仅需要深入掌握本环节的知识，也需要了解相关环节的概要知识。

为了确保复杂产品研发的高效和成功，研发过程中必须充分获取来自不同行业和领域工作人员的知识，促进工作人员之间知识共享行为的发生。员工参与程度和知识共享程度直接决定了复杂产品系统研发的成败。只有全部员工积极参与知识共享，才能消除研发的不确定性，提供创新的思路，提高研发的效率和质量。如在大型飞机的研制过程中，飞机零件数以百万计，仅一台飞机发动机至少涉及几十项关键技术的知识领域，研制过程中定位零件之间的关系和装配关系、机载设备与机体的关系等都需要获取和分享工作人员的知识，以解决机械、电子、控制、信息等各子系统之间的耦合问题。由此可见，复杂产品系统的研发过程高度依赖于员工的知识和技术。只有充分共享和利用员工的知识，有效整合，才能产生知识协同创造效应，确保复杂产品系统的成功开发，最终满足各方的需求。为了促进知识共享行为的发生，必须寻找和识别知识共享行为的影响因素。复杂的产品研发过程涉及广泛的知识和技术领域。只有充分共享和有效整合相关人员的知识，才能产生创新效果，从而提高复杂产品研发的绩效，保证复杂产品系统研发的顺利开展。

复杂产品系统的发展过程一般会表现出非线性特性，即来自前一代系统设计的一个部分的微小变化可以导致其他部分更大的改动，这需要增加更复杂的控制系统，有时还需要新的材料和新的设计方法。一旦安装，一些复杂产品系统（例如，智能建筑、商业信息网络和计算机集成制造系统）还需要进一步改进以响应来自用户的反馈。结果，首次创新和创新扩散经常混合在一起。印度尼西亚"狮子航空空难事件"很好地说明了这一点。因此，复杂产品系统无论是在设计阶段还是在安装部署阶段都需要知识共享，知识共享的理念和实行应该贯穿于复杂产品系统生命周期的全部过程。

每一个新的复杂产品系统与以往实施的产品系统往往是不会完全相同的，而且早期阶段的开发和生产环节往往需要具备应对后期阶段不可预知因素的反馈回路，所以这就要求项目部门之间的知识共享，在技术不确定和用户需求不断变化的情况下这种需求就更加迫切了。此外，完成复杂产品系统的设计生产过程需要各种独特的零部件、技能和知识的投入，需要大量的企业一起工作，这就涉及企业之间的知识共享。

（2）知识共享的方式更加多样化。

复杂产品系统既涉及复杂度低的知识，也涉及复杂度高的知识。不同的知识复杂度将会影响知识共享途径的选择，当所涉及的知识复杂度低时可以充分利用网络信息系统技术，比面对面现场沟通更为有效，而当工作所涉及的知识复杂度高时则更加适宜采用面对面的沟通[36]，如专题会议、定期会议、面对面的直接交流等各种知识共享途径。

此外，复杂产品系统需要涉及多学科的不同属性知识，而不同学科不同属性知识的共享方式也不同。对于显性知识可以基于知识管理系统在企业内部各个部门之间共享，而对于隐性知识则采取兴趣小组、会议等面对面的组织形式进行知识共享更为有效。

同时，由于复杂产品系统需要的参与方众多，为了提高知识共享效率、加速项目进展，互联网技术（IT）系统支持的知识共享就必不可少。复杂产品系统生产企业需要建立与产品相关的供应商、客户甚至竞争对手的关系网络，提升企业社会资本，促进企业间的知识共享。因此组织内知识共享和组织之间知识共享对于复杂产品系统生产企业来说都必不可少。

由于复杂产品系统应采用多样性的知识共享的途径，既要注重经常性的会议等面对面的交流，也需要基于内部网、外部网的知识管理系统等信息技术要素的建设。

（3）定制性、单件小批量特性和项目制增加了复杂产品系统知识共享的困难。

复杂产品系统的定制性要求用户参与需求确定与研究开发过程，因此用户与研究开发团队之间的知识共享对项目的成功实施具有重要影响。但由于用户往往对专业知识掌握不多，对复杂产品系统的需求难以明确说明，项目团队深入了解用户的隐性知识对项目的成功具有非常重要的作用。如何结合用户的实际业务需求和技术发展状况，通过深入交流获取用户的潜在需求知识和经验，特别是用户也难以表述的隐性知识，成为复杂产品系统知识管理中的一个难点。

复杂产品系统的一次性或小批量定制需要针对终端用户的需求进行高层次的客户定制，从而难以完全重复使用以前项目中的知识。当然，存在为建立定制产品解决方案提供必要基础的不断演进的技术、组织知识和能力。然而，这些基础知识资源通常需要进行重新组合以满足新项目的特殊要求。这造成了复杂产品系统项目的开放性和突发性，尤其是各部件之间相互作用存在不确定性和连锁效应。因此项目组织的基本知识通常需要和创新应对的能力相结合。这就需要掌握元知识，即知道在特定环境中如何应用知识的能力，如通过多次参与复杂产品系统开发所获得的直觉、启发式规则和技术诀窍。并且，复杂产品系统设计生产过程中的复杂性和不确定性意味着简单、完全按照确定步骤的管理方式、工具和技术不仅不适合，而且在效率和效果方面还可能具有反作用。这使得一般产品生产过程中的学习效应优势完全实现存在困难。因此对复杂产品系统来说很难确定在各个项目中通用的最佳实践，每个项目都需要在已有知识基础上进一步创新。对于复杂产品系统制造企业而言，必须采取知识管理的理念和方法将以往项目的成功的深层次项目知识和经验转移到新的项目中去，才能充分发挥知识资源的作用，结合新项目的特殊性创造性应用已有的知识和创造新的知识，保持自己的核心能力和竞争优势。

（4）复杂产品方案决策中的知识共享更加重要。

复杂产品系统企业依赖其决策者根据来自多个领域的输入来做出关键任务的决策。理想的决策者对影响决策过程的特定领域有深刻的理解，并且需要能够对信息迅速而果断地采取行动的经验。这种理想的决策者通常是具有长期经验和从多年观察中获得洞察力的人。虽然这一概况与过去没有明显的不同，但业务底层知识领域的复杂性增加的直接的结果是，完成特定业务流程任务所需的知识的复杂性也增加了。内部和外部过程的复杂性、竞争的增加以及技术的快速发展都导致了领域复杂性的增加。例如，新产品开发不再只需要组织中自由思考的产品设计师进行头脑风暴会议，而是需要代表不同功能单元的跨组织团队的合作——从财务到营销再到工程。

在复杂产品系统方案决策过程中，参与复杂产品系统方案制定过程的人员都是来自各个专业的知识、经验丰富的专家或技术人员，这些人员当然非常精通自己专业领域的知识，但是当对其他领域缺乏足够理解时，就很容易导致固执己见，对其他人的观点难以理解，各个专业人员难以独自统观全局，方案决策的科学性难以保证。因此复杂产品系统方案决策过程中决策人员之间的知识共享对最终决策方案的合理性具有重要作用。

目前无论是在企业界还是在学术界，对于知识共享的应用都仍然集中在传统大规模制造的行业身上。实际上，相对于传统的大规模制造产品而言，复杂产品系统的设计和制造更需要跨学科知识的融合与集成，对知识共享的需求更加迫切，也更需要从顶层设计知识共享的基础环境和基础技术架构，建立知识共享的关键技术基础设施，同时也应包括上下游企业之间的知识共享协同机制。

复杂产品系统知识共享过程中关键技术基础设施具有重要作用，如设计知识共享过程中涉及知识的检索与推荐、复杂产品系统方案决策过程中的知识分享等。在这方面艾尔特南（Aaltonen）注意到了 Linux 操作系统、维基百科等项目基于网络技术和虚拟社区技术的巨大成功，并深入研究了维基百科中的知识共享机制，明确指出当代信息技术对于知识共享的重要支持作用[37]。因此对于复杂产品知识共享的研究不仅包括企业内和企业间的管理理论模型，知识共享支持算法的研究也必不可少。

（5）复杂产品系统更需要相关企业之间的知识共享。

随着经济全球化逐步深入，企业在全球范围内面临的竞争也越来越激烈。同时用户需求和经济不确定性也日益增加，企业只有建立有效的供应链系统才能取得占领市场的竞争优势，能协同全球供应链进行知识共享并提高创新能力是提高竞争力的关键，对于复杂产品系统更需要协同全球产业链、供应链，充分发挥供应链中各企业的竞争优势，才能提高组织的创新水平。不同于由少数大型企业大批量生产和具有数量众多的消费者的一般产品，复杂产品系统的精密整合远远超出了单个生产商的能力，需要所涉及的企业密切合作才能完成最终系统。复杂产品系统的典型生产组织形式是项目，通常由涉及的众多企业组成联盟，并且有一个主导企业制造核心部件和系统集成。在复杂产品系统供应链中，存在一个核心企业和多个部件供应商，这些企业之间存在知识合作关系[38]。如核心航天企业可以组织供应商参观其中优秀供应商的设施，以便其他供应商学习其最佳实践。因此复杂产品系统的生产会更多地涉及主制造商、供应商以及客户之间的知识共享。

2.2.3 复杂产品系统知识共享的严峻现实

美国国家航空航天局在 2003 年的哥伦比亚号航天飞机事故之后，召集了专门调查委员会确定事故根本原因。经过广泛的审查，委员会得出结论：美国航空航天局的组织文化和结构与此事故的关系不亚于外箱泡沫（外箱泡沫是事故的直接原因）[39]。委员会发现整个机构普遍的问题：美国宇航局现有的知识和资源没有得到充分的分享并用以解决工程问题。事故调查委员会还发现，虽然大多数美国国家宇航局中心记取经验教训，但他们往往只限于在其中心内部。最终，委员会指出[39]："美国宇航局没有表现出一个学习型组织的特点。"为此，美国国家宇航局专门成立了知识管理部门。国际航天学会也专门设立了知识管理工作组。波音公司知识管理战略专员在拥有来自 48 个国家和波音、国际商业机器公司（IBM）、思科网络公司等 400 多个会员单位的美国生产力和质量中心 2015 年知识管理会议上介绍了波音公司在其测试部门所实施的以人为中心的知识共享战略①。

发生于 2018 年 11 月的印度尼西亚狮子航空空难事件与 2019 年 3 月发生的埃塞俄比亚空难事件具有相似性②，媒体报道指出空难事

---

① APQC. Overviews from APQC's 2015 Knowledge Management Conference ［EB/OL］（2015 - 05 - 20）［2021 - 08 - 20］. https：//www. apqc. org/knowledge - base/collections/overviews - apqcs - 2015 - knowledge - management - conference - collection.

② CNN. Experts say there were similarities in the Ethiopian Airlines and the Lion Air crashes. What were they？ ［EB/OL］（2019 - 03 - 18）［2019 - 10 - 15］. https：//edition. cnn. com/2019/03/18/world/boeing - 737 - crashes - similarities/index. html.

件与知识共享密切相关①，波音没有与飞行员分享该机型新增加的机动特性增强系统（MCAS）功能知识。波音 737 MAX 飞机是一种可追溯到 1967 年的机身设计，是波音公司的最新产品，包括计算机控制电子飞行控制系统和高效涡扇发动机。由于发动机也比以前版本的飞机更强大、更重，因此当推力增加时，安装在发动机上的"下悬"（下翼）导致飞机前端上升的趋势，特别是在较低的空速时更明显。通过对飞行控制计算机进行编程以自动应用俯冲稳定器调整，波音公司补偿了抬头趋势，即使在飞机上飞行时，飞行员也不知道存在该功能。这种额外的机动特性增强系统，通过对计算机进行编程以阻止飞行员抬起机头，提供对空气动力学失速的保护，这种失速主要发生在较低的空速下。简而言之，它试图在飞行员不知情的情况下抵消飞行员的飞机抬头控制以防止飞机失速。

机动特性增强系统的触发器是迎角探测器（AOA），它测量机翼与气流之间的角度。如果迎角探测器检测到接近失速，则激活机动特性增强系统。在狮子航空案例中，迎角探测器发生故障传输了错误的数据，飞行员未能成功地将飞机的控制权从计算机上解除从而酿成了灾难。波音也没有在飞机操作手册中详细描述机动特性增强系统，因此飞行员不知道机动特性增强系统工作过程，自然不了解异常的原因，无法通过适当的紧急检查清单做出反应。

这些事件说明，知识共享不仅是复杂产品系统创新的重要催化

---

① CNN. Lion Air joins US pilots in claiming Boeing withheld info on plane model that crashed ［EB/OL］（2018 – 11 – 14）［2021 – 08 – 20］. https：//edition. cnn. com/2018/11/14/asia/lion – air – indonesia – boeing – manual – intl/index. html.

剂和前提条件，也是保证复杂产品系统安全运行的重要手段。但是目前在复杂产品系统的知识共享管理实践中还存在重大不足，这不仅是企业的管理实践问题，也是复杂产品系统知识共享理论研究还不够系统深入的必然结果。

2.2.4　问题的提出

复杂产品系统引起了理论界的广泛关注，学者分别从组织结构和组织文化、供应链、创新联盟与网络、制造服务化等不同角度针对复杂产品系统进行了研究，这些研究对复杂产品系统的运营和创新提供了基础性的理论支持和管理建议。然而，知识作为核心要素资源将决定复杂产品系统的安全运行和创新，知识创造和创新过程本质上是以知识共享为基础的知识螺旋式上升的过程，知识共享是保证复杂产品系统安全运行和促进创新的关键。但是，目前关于复杂产品系统知识共享的相关研究仍然比较缺乏，结合复杂产品系统特点的知识共享的可能性、均衡状态、促进因素、技术支持等相关研究还较少涉及。因此，以国内外知识共享和复杂产品系统的相关研究为基础，综合运用博弈理论、实证研究、算法设计等工具，以复杂产品系统知识共享的条件、知识共享的相关影响因素、知识共享的技术支持中的关键算法为研究内容，指导复杂产品系统企业从知识共享角度对复杂产品进行有效管理，加强复杂产品系统的安全运行，提升复杂产品系统的创新水平。

复杂产品系统制造业是现代工业体系的重要基础，在产业价值链中占有关键性决定作用，复杂产品系统的技术水平与创新能力直接体现国家整体的工业发展水平和国际竞争力。人类社会经历了农业经济、劳动密集型的工业经济，目前全球经济正在向作为信息社会进一步延伸的以创新为驱动的知识经济转变。当前我国也正处于由中国制造向中国智造提升、由资源驱动型经济向创新经济模式转变的关键阶段，创新是知识经济的重要特征和催化剂。创新的前提和基础是知识，知识资源是企业持续创新的源泉，要实现持续快速创新，企业必须重视知识共享，建立利于知识的分享、集成和创造的组织机制和技术基础环境。复杂产品创新是以知识资源为基础的创造过程，是由涉及多个领域的设计团队在用户需求驱动和企业资源约束下，互相协作、共同完成的一体化协同过程。然而，复杂产品的知识共享作为整个创新过程的前提和基础，一直是影响复杂产品创新绩效的关键因素和瓶颈之一。学术界也几乎还没有对复杂产品的知识共享展开相关研究。因此，开展面向复杂产品创新的知识共享研究，是增强我国复杂产品创新知识共享能力、自主创新能力的有效途径，对于国家创新驱动战略的实施和国际竞争力的提高具有重要意义。

2.3　研 究 内 容

根据复杂产品系统的特点，复杂产品系统企业的知识共享包括组织内部和组织外部发生在企业之间的知识共享，组织内部知识共享包括员工个体之间的知识共享和项目部门之间的知识共享。如何促使复杂产品系统企业知识有效地共享与传播，提高知识共享的效率和效果，提升企业内部员工之间和项目部门之间的共享知识的水平并且通过利益分配有效管理企业外部复杂产品系统供应链中的知识共享是本书研究的主要目标。

2.3.1 复杂产品系统个人间知识共享条件和影响因素

复杂产品系统的生产企业内部的知识共享对于提升复杂产品系统的创新绩效和安全运行具有重要作用，因此需要在复杂产品系统企业的背景下通过建立理论模型并实证检验研究如何促进企业内部的知识共享。

首先采用博弈论的研究方法，结合复杂产品系统知识共享的特性，遵循从简单到复杂逐步深入的研究过程，以静态博弈、动态重复博弈和演化博弈的不同方法研究促进复杂产品系统知识的使能因素和演化规律。

其次纳入博弈理论模型难以加入的复杂产品系统知识共享使能因素，从影响个人知识共享的个人、组织、社会关系和信息技术支持维度采用偏最小二乘结构方程方法实证研究复杂产品系统企业中知识共享的影响因素，为复杂产品系统企业实施知识共享策略提供依据。

2.3.2 复杂产品系统项目部门间知识共享组织结构

复杂产品系统企业由众多的部门和项目组成，只有在各项目部门分工的基础上充分知识共享才能促进复杂产品系统的创新，也才能最大限度保障及时发现各种潜在隐患、确保系统安全运行，项目实施团队之间顺畅分享实施过程中的相关知识才能高质量完成项目的实施，赢得客户的最终满意。

知识复杂性对复杂产品系统项目部门之间的知识共享组织结构的知识共享效果具有重要影响，从信息超载、复杂产品系统知识之间的依赖关系和激励角度分析知识复杂性对跨界人和知识网络的项目部门间知识共享效果的严重负面影响，设计更加符合复杂产品系统知识共享的项目部门间耦合知识网络共享结构，并分别对这三种项目部门间知识共享组织结构进行模拟分析和对比。

2.3.3 复杂产品系统企业间知识共享利益分配

在充分研究复杂产品系统企业内部个人和项目部门间知识共享基础上，进一步研究复杂产品系统供应链中供应商之间的相互合作和知识共享，通过提升供应链企业之间的知识共享水平促进供应链整体竞争优势提升，解决如何在供应链中参与知识共享的各企业之间分配收益问题和员工、企业的优化策略问题。

2.3.4 复杂产品系统知识共享支持算法

复杂产品系统的决策和设计是决定复杂产品系统创新绩效和安全运行的关键阶段，信息技术对复杂产品系统的知识共享支持也体现在这两个阶段。其中设计阶段的共享支持算法按照设计人员的使用方式可以分为检索支持算法和知识推荐支持算法，前者关注的重点是和工作流的结合，后者关注的重点是与设计人员的检索历史表示的兴趣相结合。

复杂产品系统的设计和开发需要多方面的知识领域专家输入参与决策。为此开发一个支持知识共享的复杂产品系统方案决策支持算法，在复杂产品系统方案决策过程中，允许决策人员在知识共享的基础上初步决策，然后给出存在的分歧，在针对给出的分歧进一步知识共享后再进行决策，如此循环直到所存在的分歧低于给定阈值时形成最终决策，通过提升决策中的知识共享水平，吸收不同的意见，增加创新方案出现的可能性和最终决策的合理性。

2.4　研 究 方 法

2.4.1　文 献 研 究 方 法

通过查阅文献，梳理国内外在个人间知识共享、项目部门间知识共享、企业间知识共享和知识检索与推荐、共识决策方面的相关研究，归纳总结国内外相关领域有重要影响的研究成果，确保本书是站在国内外最新研究成果的基础之上结合复杂产品系统进一步研究，为复杂产品系统知识共享提供理论基础和技术支持。

2.4.2　博弈分析方法

博弈论是分析行为主体决策选择的有效方法。通过以理性决策假设为前提的静态、动态博弈分析和以演化选择过程为基础的演化博弈分析，具体对复杂产品系统企业内部知识共享的条件和演化过程进行研究。在复杂产品系统的供应商网络中，供应商的知识共享行为存在一定的矛盾和斗争，但同时也存在利益的一致性，兼具非合作博弈和合作博弈的特征。通过非合作博弈和合作博弈理论，建立供应商之间知识共享的数学模型，深入分析能够最大化供应商知识共享程度的收益分配机制。

2.4.3　理论建模和实证分析相结合

在对国内外有关知识共享的研究成果进行文献分析基础上，提取知识共享的主要影响因素，按照个人、组织、社会关系和技术维度构建复杂产品系统知识共享概念模型，为实证研究奠定理论基础。然后，运用基于偏最小二乘算法的结构方程模型，通过问卷调查向复杂产品系统企业中知识管理系统用户咨询对知识共享影响因素重要性的意见，收集第一手数据，对复杂产品系统知识共享影响因素进行实证分析，获得实证分析结论。

2.4.4　社会网络分析方法

社会网络分析是利用网络研究组织结构的过程，根据网络中的参与者以及他们之间的联结关系描述网络结构对网络功能的影响。项目部门之间的知识共享发生在项目部门之间的社会网络中，具体分析知识复杂性对不同的社会网络组织结构在项目部门间的知识共享效果所产生的不同的影响，结合知识复杂性设计适合复杂产品系统知识共享的项目部门间网络组织结构，并定量模拟各种网络结构的知识共享效果。

2.4.5 算法设计

复杂产品系统知识共享离不开强有力的信息技术支持，而算法是信息技术功能的灵魂。设计人员在设计过程中获得和工作流相结合的相关环节知识和向设计人员推荐感兴趣的知识都需要相关算法做支持。

在复杂产品系统开发决策过程中备选方案的优劣排序需要输入参与决策评审人员的不同知识和意见，并集成这些知识与意见找出共识的部分和分歧所在，该功能需要计算机软件自动完成，而共识排序树的构建算法是软件实现的关键。

2.5 研究框架

从理论研究与技术支持两方面解决复杂产品系统知识共享问题。在复杂产品系统知识共享理论研究部分，按照从复杂产品系统个人间知识共享、项目部门间知识共享和企业间知识共享的层次式研究思路逐层展开。在复杂产品系统知识共享支持算法方面，按照设计知识和决策知识的不同特征分别设计了相应算法。

复杂产品系统个人间知识共享是解决复杂产品系统知识共享问题从而提高创新绩效和安全运营的基础。首先采用博弈论将复杂产品系统企业中的员工作为一个理性决策主体分析知识共享的基本条件。复杂产品系统的知识复杂性使得知识共享成为"猎鹿博弈"收益结构而不同于简单产品知识共享的"囚徒困境"收益结构。其次，据此特点建立知识共享收益函数，从静态博弈、动态博弈、演化博弈和互惠机制等角度逐步递进分析复杂产品系统知识共享的条件。

复杂产品系统个人间知识共享影响因素是企业知识共享管理可以影响和调控的措施和手段，这些措施和手段包括可以影响基于"复杂人"假设的知识共享博弈收益，也包括可以影响员工知识共享过程中作为"社会人"的非理性因素。因此，第4章在博弈理论分析基础上采用实证研究方法研究复杂产品系统企业知识共享管理可以影响和调控的变量对员工知识共享行为的影响。

复杂产品系统项目部门作为企业中的一个管理单元，其间的知识共享除了要考虑个人间知识共享的基本条件和影响因素，还必须根据复杂知识的特点设计合理的项目部门间的知识共享组织结构。复杂产品系统设计团队可能由来自不同省份甚至不同国家的子团队组成，制造过程也可能利用不同地区和国家的能力差异共同完成制造过程，复杂产品系统的项目实施更是针对不同客户需要设立不同的项目部门。项目部门通常具有不同的知识和经验储备，项目部门之间共享知识为其员工提供了从另一个角度看待问题或任务的机会，可以激发创造性和创新性，有效提升整体竞争力。虽然组织可以通过在项目部门间共享知识实现显著的绩效提升，但是成功在项目部门间实现知识共享是很难实现的，尤其是复杂产品系统知识在项目部门间共享更具困难。因此，基于复杂产品系统的复杂知识特点分析跨界人和一般知识网络这两种项目部门间知识共享组织形式在共享复杂知识过程中的局限性，设计基于复杂知识元素之间依赖关系的耦合知识网络，并采用模拟仿真方法具体比较知识复杂性对三种项目部门间知识共享组织形式的影响，验证所设计的耦合知识网络组织形式在共享复杂知识过程中的优越性。

在个人与项目部门层次知识共享基础上，由于企业是独立的利益主体，所以企业间的知识共享最重要的是解决知识共享的利益分配问题。复杂产品系统核心制造商为了提高整体供应链的竞争优势需要协调供应商参与企业之间的知识共享，为此需要证明供应商之间知识共享的可行性以及确定收益分配方式。为此建立非合作博弈和知识共享合作博弈两阶段博弈模型，证明知识共享合作博弈核心的非空性及核心的解析式，给出可以达到整体最优的收益分配方式和各供应商在博弈中的策略选择及均衡结果。

复杂产品系统的设计和决策是价值创造过程的主要环节，但这两个环节所涉及的知识性质并不相同。复杂产品系统设计主要涉及显性知识，通过复杂产品系统知识共享支持算法可以显著降低知识共享的成本，也有利于在信息系统的基础上建立清晰的奖罚制度，并且促进独立创造效应和协同创造效应的产生。另外复杂产品知识资源如最佳实践、学术文献、博客文章、视频、图片、统一资源定位器（URL）等通常难以按照预先设定的层次进行分类，即使知识共享者勉强将知识归入某一类中，但知识需求者却很难想到去同一个目录寻找。知识需求者往往并不知道需要什么新知识，因此也就不会去主动搜索。因此，分别设计基于工作流和本体技术的复杂产品系统知识检索算法和基于协同过滤的推荐算法。

复杂产品系统决策重大决策通常由集体做出，而决策实际上是知识的共享、应用和创新过程，并且决策过程涉及大量隐性知识。组织知识基础观认为解决复杂不确定问题需要基于充分共享隐性知识的共识决策，并且沟通隐性知识的困难和共识决策的成本随着知识的复杂性而提高。复杂产品系统决策过程需要直觉、经验、预感等隐性知识，应使参与决策者通过"社会化"隐性知识共享过程，形成同感，使隐性知识通过外化过程转化为显性知识，达成共识，以利于方案设定与选择，使决策过程建立在更加科学的基础之上。因此设计基于共识排序树的决策知识共享支持算法帮助在人与计算机的交互过程中方便隐性知识共享，从排序数据中发现满足最低支持度和最高冲突度的最大共识排序和需要进一步进行知识共享、扩大共识的冲突方案，从而通过有针对性地提升个人意见等隐性知识的表达，有效吸收不同决策人员的隐性知识，增加创新方案出现的可能性和最终决策的合理性。

研究路线见图 2 - 2。

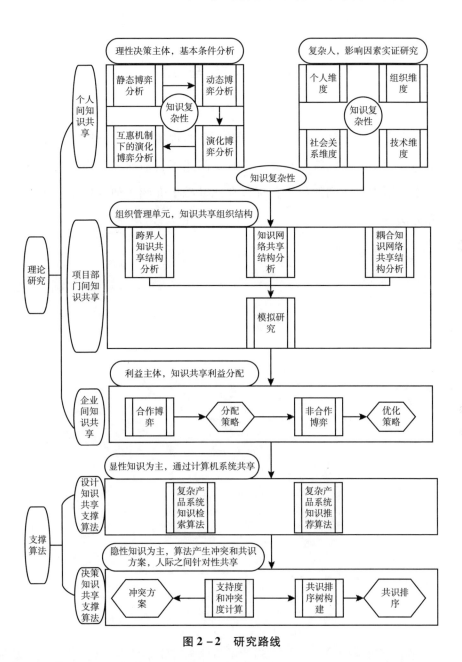

图 2-2 研究路线

2.6　本章总结

　　本章说明了复杂产品系统知识共享的现实背景，分析了复杂产品系统知识共享的特点和要求，概要阐述了目前研究中面临的问题和本书所需要达到的研究目标。在此基础上介绍了研究框架、内容和方法。

第 3 章

复杂产品系统知识共享综述

本章内容主要是对知识共享与复杂产品系统理论的相关研究成果进行梳理和评述。在总结和界定知识共享、复杂产品系统的概念基础上，围绕复杂产品系统知识共享这一核心主题，分别针对复杂产品系统知识个人间知识共享、项目部门间知识共享、企业间知识共享和知识共享支持算法相关研究进行综述。

3.1 概 念 界 定

3.1.1 复杂产品系统

复杂产品系统是经济发展的技术支柱，然而长期以来，知识共享研究主要是针对大批量标准化生产的产品展开的，对复杂产品系统的研究明显滞后。20 世纪 90 年代中期，霍布德（Hobday）等学者通过研究通信设备、航空发动机等复杂产品系统的创新过程，发现这些产品与消费品的技术创新行为存在明显差异，认为有必要将其作为独立的产品范畴进行专门研究，为此提出了复杂产品系统（complex products and systems，CoPS）的概念[40]。类似的概念还包括复杂技术系统、大型技术系统、大型产品等。国内外学者对于复杂产品的概念和本质界定存在很大差异、没有统一的标准。通过对国内外学者相近概念的分析比较，可以发现虽然这些概念并没有形成统一的界定，不同学者的提法在角度和侧重点上存在着细微的差别，但本质上这些概念在复杂产品系统的本质特征和市场结构等问题上的观点是类似的。国内外学者对于复杂产品系统及类似相关概念的代表性观点如表 3 - 1 所示。

表 3 - 1　　　　　　　　复杂产品系统概念的代表性观点

序号	代表人物	观点
1	霍布德[40]	工程密集型、高成本的产品系统、网络和建造物
2	汉森（Hansen）、拉什（Rush）[41]	工程密集及信息密集、成本高昂、元器件和专用子系统数量大、顾客定制的产品
3	戴维斯（Davies）[42]	具有工程数量大、高成本、包含亚系统的产品系统，是一种在工业化的联合分类、竞争策略以及创新过程的动力等方面与简单大批量产品均有所区别的产品
4	吉尔（Gil）[43]	开发过程中用户高度参与、设计需求高度不确定、供应链复杂、交付期长、设计和运营中存在较多管制规则的产品
5	杨瑾[44]	产品寿命周期长，市场独占性及附加值高，知识水准高，衍生效果佳
6	杨善林、钟金宏[45]	具有用户需求的特异性、产品技术的创新性、产品构成的集成性和开发过程的协同性的产品
7	陈劲[46]	由许多定制的、相互连接的元素组成，生产过程中可能有事先预料不到的发生，在设计、系统工程和整合时需要经常的交流，用户可以高度地直接参与创新流程

综合表 3 − 1 关于复杂产品和复杂产品系统的相关研究，可以界定复杂产品系统为研发知识密集、结构功能复杂、采用分布式制造及单件或小批量定制化生产的大型产品或系统，包括高速列车、大型计算机、航空航天系统、大型电信通信系统、智能大厦、电力网络控制系统、大型船只、半导体生产线、信息系统等。术语"复杂"反映了定制组件的数量、大量知识和技能要求、生产中涉及新知识的程度及其他关键产品维度。按照从项目、小批量、大批量、批量生产到连续过程的经典生产过程分类，复杂产品系统是高成本、高技术含量的项目和小批量生产的产品系统。但不包括一些高成本但是很成熟的产品，例如道路工程和简单的建筑结构，因为其涉及的知识和技能领域较少并且主要使用标准组件和材料。

复杂产品系统创新是管理学中的一个重要研究类别[47]-[49]。复杂产品系统不同于一般所说的装备制造业产品，而是装备制造业产品的子集，即技术更加密集复杂的装备制造业产品[50]。复杂产品系统与一般加工业不同，由于产品复杂程度高，技术难度大，是一个国家的战略性高科技产业，是现代多门科学技术高度融合的产物，是衡量一个国家的科技、产业水平和综合国力的一个重要标志。要增强国家的整体创新能力，加强复杂产品系统的创新能力占有尤其重要的地位。复杂产品系统的特性对知识共享提出了特殊的要求。

虽然层次式结构是所有产品体系结构的固有特性，但组件和系统层次结构在复杂产品系统中更加复杂。在系统的层次结构中，每个层次的输出成为下一个阶段的输入，随着层次链条的延伸，产品变得越来越复杂，数量越来越少，规模越来越大，系统性越来越强。同时设计和生产技术也从与大规模生产相关的生产技术转变为系列化和批量生产最终到单件生产。在产品层次结构顶层，生产涉及整合不同技术，通常需要大规模的项目管理和广泛的国家和企业之间的国际合作。因而，复杂产品系统也是一个组织和管理复杂性逐级增长的金字塔。

根据休斯（Hughes）关于产品复杂性的研究分类，可以将产品分为装配产品、组件、系统和集群产品。装配产品通常都是大批量生产的独立产品，其执行单一功能并且不构成更大系统的一部分，例如剃须刀、计算器或个人计算机，除非通过互相连接构成网络。组件总是在较大的系统中起作用，例如电话交换机或航空电子装置。而系统由三个特征所定义：组件、网络结构和控制机制。组件构成系统以执行共同的目标，例如飞机、商业信息系统或武器系统。最后，集群产品是不同但相互关联的系统的集合，每个系统都是独立地执行任务，但为了实现共同目标而组织在一起，例如由飞机、候机楼、跑道、空中交通管制系统和行李处理系统组成的机场。

按照此分类，复杂产品系统包括高技术组件和系统，但不包括低技术产品和大多数中等技术产品，不管其成本是否高昂。此外，系统之大部分也从复杂产品系统定义中排除，除非是在边界清晰的单个项目下所提供。

现代管理理论提出的产品的整体概念由核心、形式和附加三个层次构成，复杂产品系统不仅仅是大型产品或系统的形式及其实现的功能，也还包含复杂产品系统供应商对客户提供的各种服务，如系统安装、维护、升级等。

3.1.2　复杂知识

为了区分复杂产品系统所涉及的知识与一般知识的差别，可以按照完成任务所要求的知识复杂程度将知识分为简单程序性知识、复杂知识和非常复杂的知识（见图 3 - 1）。简单程序性知识具有明确的步骤序列、几乎不需要根据不同情况决策、具有非常明确的主题，简单知识容易被个人独自所掌握，不涉及知识之间的相互依赖，所以简单知识主要是个人知识、离散知识。复杂知识具有多个分支领域、涉及多个决策点、主题边界难以清晰界定。非常复杂的知识是需要根据具体情况确定多个细分领域、主要是复杂方案决策中所需要的、主题不断演变进化的知识。知识越复杂，越难以被机器自动化所取代。复杂产品系统企业的知识主要是复杂知识和非常复杂的知识，即员工设计开发和专家在复杂产品系统方案决策中所需要的知识。

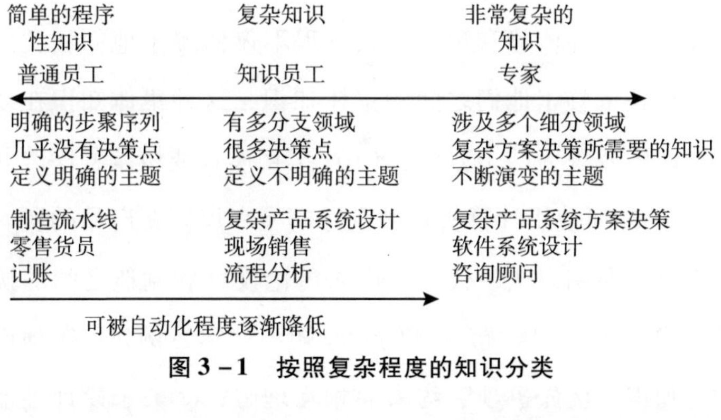

简单的程序 性知识	复杂知识	非常复杂的 知识
普通员工	知识员工	专家
明确的步骤序列 几乎没有决策点 定义明确的主题	有多分支领域 很多决策点 定义不明确的主题	涉及多个细分领域 复杂方案决策所需要的知识 不断演变的主题
制造流水线 零售货员 记账	复杂产品系统设计 现场销售 流程分析	复杂产品系统方案决策 软件系统设计 咨询顾问

可被自动化程度逐渐降低

图 3 - 1　按照复杂程度的知识分类

复杂产品系统企业中的复杂知识包括大量的企业的规章、流程、例程、产品各模块结构关系等，即格兰特（Grant）所称的集体知识[51]。这些集体知识可以由不同知识领域之间的相互依赖程度来衡量。当一个知识领域显著影响一个或多个其他知识领域在总体复杂产品系统中的性能时，就表明这些知识领域之间存在相互依赖性。

在不同模块的设计领域中，复杂产品系统的设计涉及大量相互依赖关系。这些相互依赖的形式是结构连接或材料、能量、力或控制信号的传递。知识复杂性的程度反映在不同部件专业领域之间的相互依赖性数量上。当知识高度复杂，即涉及专业领域之间的大量相互依赖时，熟悉某项特定技术的专家不能仅凭其所拥有的知识就可以提高产品设计的价值，在这种情况下，任何特定的设计变更都将与一系列其他潜在的设计变更相互作用，这些设计变更需要由拥有不同领域知识的专家确定。

在设计与制造领域中，复杂产品系统的设计需要在具有产品设计专业知识的设计工程师和具有生产过程专业知识的制造工程师之间进行高度的相互依赖和配合。该过程不仅依赖于他们相关的个人知识，而且还依赖于他们之间的集体知识，这种集体知识在复杂产品系统设计中表现为两个方面：（1）交互模式或协调程序等共同知识[52]，包括如何使用计算机辅助设计模型来规划新产品的所有设计和制造规范、通用语法、代码、用来讨论设计和制造之间的接口问题的启发式方法。（2）跨领域的专业知识理解，例如：①他们对彼此的专业知识、优先事项、约束的相互理解；②关于设计性能、成本和可制造性的决策权衡；③设计调整时沟通和适应彼此决定的能力。因此只有熟悉跨专业知识的设计工程师才能够设计出制造工程师易于开发相关生产设备和工艺的复杂产品系统。

可见高度复杂性的知识涉及不同领域个体知识之间的大量相互依赖。各个知识领域之间的相互依赖需要具有这些个人知识领域的专家之间共享特定集体知识，集体知识对于帮助这些专家协调和整合他们相互依存的个人知识领域至关重要。因此，知识越复杂，即个体知识的不同领域之间存在越多的相互依赖性，就需要更多的集体知识来协调和整合。

图 3-2 中小圆表示个人知识，双向箭头表示知识之间的依赖。图中的两组知识具有相同数量的个体知识，但图（a）表示具有更高复杂性的知识，在专业领域之间具有更高程度的相互依赖性，因此涉及更大范围的集体知识。图（b）表示组织内的知识之间相互依赖程度很低，知识基本都掌握在个人手中，因此这些知识也可称为离散知识。

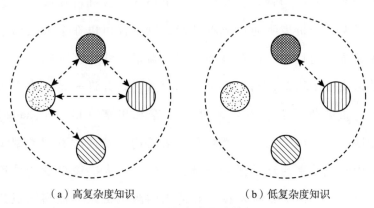

（a）高复杂度知识　　　　　　（b）低复杂度知识

图 3-2　不同复杂程度的知识

3.2 复杂产品系统个人间知识共享相关研究

3.2.1 知识共享博弈相关研究

古典管理学的基本假设就是"理性经济人"，而博弈论也正是以理性人假设为前提。因此为了探究员工知识共享的可能性和持续条件，学者们采用博弈论对不同情况下的知识共享行为进行了博弈分析。川（Chua）较早采用多人博弈理论框架研究知识共享的动态特性，发现个人对共享知识的感知收益取决于他人的知识共享行为，并且他们之间知识共享的感知收益可以通过多人猎鹿博弈来表征[53]。克拉斯和马丁（Cress and Martin）以知识管理系统中的知识共享为背景，提出了一个描述个人和群体收益函数的分析模型，分析表明通过成本补偿奖励不仅可以在个人层面激励知识共享，而且也可以在群体层面收益最大化，奖励制度是否可持续取决于平均知识需求人员的临界数量，并进一步取决于人力资源的重叠性及其相互依赖性[54]。李和里江（Li and Jhang-Li）运用博弈论分析了以个人概貌和决策结构为特征的不同类型实践社区中知识共享活动的激励机制，发现从个人决策出发会导致知识供给不足，但信息技术投资和适当的激励机制会提高知识共享水平，并且应该优先投资通信和协作技术[55]。王瑞花采用模仿动态演化博弈研究知识共享行为的演化轨迹，发现只有当共享成本小于共享主体协同收益时才有可能演化为双方均不知识共享或均知识共享两种演化稳定策略，并分析了博弈参数对均衡结果的影响[56]。张宝生和王晓红运用演化博弈方法将制度因素、转移效应、成本损失等因素作为关注角度，系统研究了团队内部知识转移的持续性、稳定性以及演化趋势[57]。

孙锐和赵大丽运用演化博弈方法对动态联盟中员工的知识共享进行分析，结果表明员工在选择知识共享策略时会受自身和合作伙伴的知识水平、知识可共享度、知识转化能力和共享知识潜在风险程度影响[58]。朱怀念等通过随机微分博弈方法研究了产学研协同创新联盟员工间的知识共享问题，分别求得了协同合作博弈和斯塔克博格（Stackelberg）主从博弈两种下均衡的知识共享策略和创新补贴比例[59]。班德亚帕德耶和帕塔克（Bandyopadhyay and Pathak）研究了外包项目中知识共享的条件，指出知识互补能够促进知识共享[60]。

3.2.2　知识共享的治理与模式研究

随着知识要素在经济中地位的日益提升，企业也越来越意识到将知识作为竞争优势的根本来源和核心生产要素的必要性。虽然已有关于知识共享的研究或明确实证或隐含假定有效的知识共享能够提高组织的绩效，但在实践方面很多企业不惜投入巨资引入知识管理项目和相应的管理措施来促进知识共享、知识创造和知识应用，而实施后却并没有产生令人满意的效果，甚至很多项目在投入使用后就被束之高阁，许多企业建立起"知识管理系统""知识仓库"

"内部知识网"却没有起到预期作用。

麦克德莫特（McDermott）指出知识共享面临四个方面的挑战[61]：技术挑战即设计不仅能提供信息，而且能够帮助社区员工共同思考的信息系统；社会方面的挑战即建立能够分享知识，同时也保持思想多样性、鼓励思考而不是简单互相拷贝的社区；管理挑战即创造真正重视知识共享的组织环境；个人方面的挑战即员工对他人思想保持开放，乐意分享思想，渴求新知。

为了克服这些问题，探求知识管理的制度基础的知识治理研究应运而生，知识治理理论研究逐渐受到了国内外学者们越来越多的关注。福斯（Foss）指出知识和组织、知识过程之间存在不相适应的情况[62]，知识治理的出现正是为解决知识共享等知识过程问题提供理论基础。较早提出知识治理理论的学者是格兰多里（Grandori），格兰多里认为知识治理是企业或组织利用非正式和正式组织结构和机制影响组织内外部知识共享的过程[63]，建立了理论微观框架，根据知识共享的认知功能和比较成本两个标准对知识治理机制的组合进行评估。福斯在理论分析基础上构建了知识治理的系统分析框架，认为知识治理应该通过正式的组织机制和制度设计去影响非正式的实践活动以达到影响知识分享的目的，指出这些机制和结构包括组织文化导向和设计、组织结构、组织内社会构建、绩效激励、决策权分配及企业间战略联盟的协调机制等[64]。汉森等根据案例总结了两种知识共享战略，即编码化战略和人文化战略，并提出了根据竞争战略中的产品标准化程度、产品成熟度、知识的隐性与显性三个标准选择知识共享战略的分析方法，为了能够有效地使用知识，组织应该根据80/20原则确定包括编码化和人文化的知识战略组合，其中一个战略应该占主导地位[65]。斯切佩丝（Scheepers）等扩展了汉森等的两种战略模型，提出随着时间的推移，组织可能发现有必要发展其知识战略组合，提出了组织在有效利用组织知识的过程中可以采用的两种战略途径，增加了确定特定知识战略的额外考虑因素[66]。

格雷（Gray）基于问题解决的视角（Problem-Solving Perspective）对知识管理实践进行了分类研究[67]，根据问题解决过程和问题类型两个维度，格雷构建了知识管理分类体系，通过主成分分析发现组织知识管理活动存在两个聚类，分别对应利用（exploitation）式和探索（exploration）式两种知识管理活动，前者包含改进、选择、机会、生产、效率、执行等活动，是组织侧重于知识共享与再利用以提高近期绩效的知识共享实践；后者则包含着变化、搜索、实验、发现、创新、风险控制等活动，他是组织更加重视知识创新的知识管理实践。周和李（B. Choi and H. Lee）则将知识管理的模式或风格分为系统导向、人工导向、被动导向和动态导向[68]，实证研究结果显示动态导向的知识共享风格会产生更高绩效，系统导向和人工导向的知识共享风格绩效没有明显差异，而被动导向的知识共享风格对绩效没有显著影响。

3.2.3　知识共享与组织绩效研究

相关研究表明知识共享可以促进组织知识创造、应用和组织绩效，如富盖特（Fugate）研究证明知识共享与组织绩效之间存在着正相关的关系，有效的知识共享能够提升组织的绩效[69]。法拉普罗（Frappuolo）认为知识共享具有内部共享、外部获取、媒介和认知应用四种基本功能[70]，分别表示从组织内部知识共享、外部获取知识并进行组织和分类、为知识需求者以便利的形式提供知识来源、利用获得的知识提高认知水平并加以应用。知识共享重点在于在所需要的时间和地点能够获得所需要的重要知识，目的在于应用集体智慧从而提高组织的创新能力和应变能力。管理对象包括已经被认可并且已经以某种形式阐明的知识，包括流程知识、工序知识、知识产权、最佳实践、预测、经验教训、经常出现问题的解决方案等，也包括组织中专家头脑中的知识资产。格里森（Gerritsen）强调知识共享为通过知识的生产和传播实现社会和政策改变，即知识共享的目的是取得创新的见解和解决方案以使得主体能够脱离原有的见解、做法、交互模式等，而知识共享的驱动力是知识的创造，知识共享和知识创造存在正向循环促进作用。格里森指出在存在风险和未来不确定的情况下需要知识共享[71]。

贝塞拉和萨巴瓦尔（Becerra and Sabherwal）研究显示根据工作领域的性质不同知识共享的效果也具有差异，具体分为四种情况[72]。组织的部门若具有过程导向、工作领域集中的特点，则内化知识过程与知识绩效正相关；如果具有内容导向、工作领域集中的特点，则外化知识过程将有利于知识绩效的提高；如果工作涉及的知识领域具有宽广和内容导向的特点，则组合化知识过程更加有利于知识绩效的提高；如果工作涉及的知识领域宽广、具有过程导向的特点，则社会化知识过程会更加有利于知识绩效的提高。

3.2.4　知识共享影响因素相关研究

为了利用现代信息技术支持组织进行知识管理，很多复杂产品系统生产企业都实施了知识管理系统（knowledge management system，KMS），但在实践中这些企业的实施效果并不理想，其中重要原因是企业单纯采用技术手段支持知识共享，或采用一些简单的如积分换奖励的物质激励手段促进知识共享，使得员工参与知识管理系统中的知识共享积极性不高，或者在单纯的物质激励下造成知识管理系统中文档泛滥。

为了揭示影响知识管理系统中知识共享行为的众多因素，尽量减少知识隐藏，学者们基于不同理论和视角展开了对知识管理系统中知识共享行为的研究（见表 3 - 2），其中包括社会交换理论（social exchange theory，SET)[73]、社会资本理论（social capital theory，SCT)[74]、信任理论（trust theory）和社会认知理论（social cognitive theory，SCT)[75]。众多的理论依据说明知识管理系统中的知识共享影响因素的确非常复杂，可以从不同层面和多个理论视角进行研究，但却造成了盲人摸象的错误，难以确定究竟是哪一种理论或变量具有决定性作用，难以确定各变量的相对作用，从而也就难以给管理者一些管理实践建议。王众托认为由于知识共享的跨学科以及高度复杂性的特点，知识共享兼有人文与技术两种属性，而且这两种属性是交互作用的，因此沿人文与技术两条主线中某一方面进行研究，可以就某些具体问题取得成果，但缺乏从全局上的把握[76]。

表3－2　　　　　复杂产品系统知识共享影响因素相关研究

作者	研究内容	理论背景与相关变量
沃斯科和法拉杰（Wasko and Faraj）（2005）[73]	通过电子实践网络的知识共享	个人层面社会资本理论：认知资本包括自我效能、专业资历，结构资本以中心度衡量，关系资本包括承诺和互惠 社会交换理论：声誉、乐于助人
坎坎哈利（Kankanhalli）等[74]	通过知识库的知识共享	组织层面社会资本理论：广义信任、分享文化、组织认同 社会交换理论：成本包括知识权力的损失和编码，外部收益包括形象、互惠、组织报酬，内部收益包括自我效能提升和乐于助人
洛克（Rock）等[77]	社会因素对知识库系统成功的作用	激励理论：内部激励、外部激励 信任理论：组织信任
苏（Hsu）等[75]	虚拟社区中的知识共享行为	信任理论：基于经济的信任、基于信息的信任、基于情感的信任 社会认知理论：自我效能、个人预期、社区预期
金和马克思（King and Marks）[78]	知识管理系统中的知识共享	代理理论：监督控制 社会交换理论：组织支持
法拉杰（Faraj）等[79]	在线社区的资源交换模式	社会交换理论：直接互惠、间接互惠 网络理论：择优效应
本书	复杂产品系统企业知识管理系统中的知识共享	个人层面：自我效能、个人声誉 社会层面：结构资本以社会联系衡量，关系资本包括信任、互惠、身份认同，认知资本包括共同语言 组织层面：组织报酬 技术层面：信息技术支持度

　　阿拉维和莱德纳（Alavi and Leidner）总结了两种知识管理系统模型，即仓库模型和网络模型[10]。基于仓库模型的知识管理系统可

以帮助企业实施汉森和诺瑞亚（Nohria）等提出的编码化知识共享战略[65]，这种战略强调知识的编码和存储，并通过分享编码化的知识而促进知识应用。该战略适合显性知识的分享，其关键技术部分是知识库系统（knowledge repositoy system）。基于网络模型的知识管理系统作用是通过信息系统增强人们之间的沟通，从而实现知识交流，这种战略有助于企业实施汉森和诺瑞亚等提出的人文知识战略，这种战略强调人与人之间互动以实现知识交流，该战略适合隐性知识的分享，其关键技术组成是专家知识目录（知识地图）和帮助实践社区员工交流的虚拟实践网络（network of practice）。

纵观表 3 - 2 可以发现已有的基于知识管理系统的知识共享影响因素研究也可以相应分为两种情况。第一种情况是专门研究基于仓库模型的知识共享行为，如坎坎哈利（Kankanhalli）等运用社会资本理论和社会交换理论研究基于仓库模型的知识共享行为，研究模型中包括依据社会交换理论提出的 7 个自变量和依据社会资本理论中的认知资本提出的 3 个调节变量，研究结果显示自我效能和乐于助人两个内部激励因素显著（显著性水平 < 0.05，下同）影响知识共享行为，组织层面的社会资本中的广义信任、分享规范和组织认同感分别调节编码成本、互惠收益、组织物质报酬对知识共享的影响。而洛克（Rock）等则运用激励理论与信任理论分别研究了内在激励、外在激励和组织信任对知识库系统成功的作用效应[77]，发现内在激励与组织信任对知识库系统成功具有重要作用，而外部激励会降低知识库系统内知识的质量。

第二种情况是专门研究基于网络模型的知识共享行为，如沃斯科等运用社会资本理论和社会交换理论研究通过虚拟实践网络的知

识共享行为，从个人层面和社会层面列出共 7 个自变量，实证结果
发现个人在电子实践社区中的中心度、声誉、专业经验与能力对于
知识贡献的质量和数量都有显著影响，其中中心度的影响最为显
著。法拉杰和约翰森（Faraj and Johnson）则运用指数随机图模型验
证了在线社区中用户的交互模式主要是以直接互惠和间接互惠为特
征，而通常认为的择优效应并没有存在于在线社区中。

与基于网络模型的知识管理系统相比，基于仓库模型的知识管
理系统无论是实际应用还是理论研究都比较少，可能的原因是随着
由用户主导而生成的内容互联网产品模式的发展，基于网络模型的
知识管理系统由于更符合以用户为中心的理念因而得到了广泛应
用，通过用户交流产生的知识文档则可以应用标签技术、本体技术
等自动归类生成知识库，二者已不再有明显区别，因此研究的系统
背景也没有区分两种模型，而是基于一般的知识管理系统展开
研究。

在基于知识管理系统的知识共享影响因素研究中，社会资本理
论是知识共享研究中的重要理论，但是对于社会资本在知识共享中
的具体作用并没有一致结论。在有些研究中社会资本是作为调节变
量影响知识共享的，如在坎坎哈利的研究中身份认同、分享规范和
广义信任这些组织层次的社会资本作为调节变量，而在沃斯科等的
研究中，则依据社会资本的结构资本、认知资本和关系资本三个维
度共列出了 5 个自变量作为知识共享的影响因素。依据那哈皮特和
戈沙尔（Nahapiet and Ghoshal）关于社会资本对于企业智力资本创
造及企业组织优势的理论分析[80]，社会资本的各个维度分别是智力
资本创造的机会、期望、激励和能力，作为自变量影响智力资本的

创造。虽然那哈皮特和戈沙尔没有明确指明能力—动机—机会（ability，motivation，Opportunity）框架，但实际上机会、预期、激励和能力正好与能力—动机—机会框架模型相符合，只不过在能力—动机—机会框架中的能力、激励和机会三个因素之外又加入了预期因素。而在能力—动机—机会框架中能力、激励和机会是作为自变量影响主体行为的，虽然理论上能力、激励和机会之间也存在交互，但这些交互只增加了 6% 的解释能力[81]。另外在蔡（Chai）等对于博客中的知识共享行为的研究中[82]，社会资本也是作为自变量影响博客中的知识共享行为的。因此本书将社会资本的各个维度作为影响知识共享的自变量进行理论构建。

此外，有研究表明物质激励对于知识共享具有促进作用，但也有研究表明外部激励对于知识共享还具有一定负效应。如洛克等证实货币回报对知识共享意图具有负效应[83]，刘等证实在一个专业虚拟社区中货币回报对知识共享的内部激励具有挤出效应，但他也指出外部激励在不同的社区类型中可能会有不同的效应[84]，因此外部激励对知识共享特别是知识管理系统知识共享的影响仍然是一个未有定论的命题，因此在本书中将把外部激励作为组织管理层面的一个变量引入研究模型之中。

专门针对复杂产品系统的知识共享研究还比较少。已有研究包括：王娟茹和杨瑾研究了航空复杂产品研发团队知识集成关键影响因素[85]；李民等研究了复杂产品系统研制中企业内部如何利用不同个体、部门知识，并通过吸收、整合和内部化以达到高效地创造知识的机理[86]。

3.3 复杂产品系统项目部门间知识共享相关研究

复杂产品系统企业为了完成复杂知识的应用和创造，相关知识员工需要跨越项目部门边界进行协作，以便共享信息和知识，应用跨越多学科知识解决问题。同时由于复杂产品系统企业采用项目制向客户提供产品和服务，项目团队之间也需要共享项目经验。虽然复杂知识因其复杂度高、难以被竞争对手模仿而成为企业竞争优势的关键要素[87]，但是同样的原因也使得复杂知识难以在复杂产品系统企业内部的项目部门之间共享，难以在新的市场或项目部门中有效利用其他项目部门内的复杂知识，知识复杂性构成了项目部门间知识共享的主要障碍。邝宁华等较早通过理论分析阐明了复杂知识在部门间共享的特殊困难[88]，指出复杂知识具有编码化程度低和隐性的特点，需要模型和隐喻来表达，双方的知识共享需要基于共同知识促进理解和应用，并且有赖于广泛、频繁、及时、双向的知识交流。

汉森从社会网络视角研究了关系强度对部门间知识共享的影响，通过对一家大型企业中 41 个项目部门的 120 个新产品开发项目的实证研究发现弱关系可以促进简单知识共享，但会妨碍复杂知识共享[89]。后来他进一步提出了知识网络的概念，指出知识网络是具有相关知识的项目部门间社会网络，实证研究发现知识相关性和网络路径长度显著影响项目部门间知识共享效果，这些发现表明对多项目部门企业中的知识共享研究应结合网络视角和知识相关性视角[90]。蔡（Tsai）分析了大型多项目部门企业中，正式的层次结构和非正式的横向关系对知识共享的影响以及项目部门间竞争对协调机制与知识共享之间的调节作用，研究结果表明正式的集中化层次结构对项目部门间知识共享有显著的负面影响，非正式横向关系对竞争市场份额的项目部门间知识共享有显著的正向影响，而对竞争内部资源的项目部门间知识共享没有显著的正向影响。托托瑞罗（Tortoriello）等研究了关系强度、网络凝聚度和网络范围对跨部门知识共享水平的影响，对数百名科学家之间知识共享的分析表明，每个网络特征对跨部门知识共享关系中获得的知识水平具有积极影响[91]。

　　除了采用网络关系促进各部门间知识共享，跨界人也是一种促进部门间知识共享的组织形式。然而，关于跨界人的研究结果并不一致，跨界人可以促进或抑制组织单位之间的知识流动。一方面，研究显示具有跨界人的部门单位有更高的绩效[89,92]，处于跨越位置的个人在技术和知识能力提升程度方面更突出[93]。另一方面，跨界人可能会限制整个组织的知识流动，有时是因为他们希望保持自己的权力和影响力，或者是因为不愿意投入成功的知识转移所需的时间和精力。明巴耶娃和圣安杰洛（Minbaeva and Santangelo）研究了跨界人对跨国公司内部积极知识共享的条件，认为跨界人的知识共享行为不应被视为理所当然，并通过对丹麦跨国公司不同业务部门482 名员工的数据分析证实跨界人知识共享行为受个人分享知识动机的影响，并取决于个人所处的直接组织环境[94]。马罗内（Marrone）等采用多层次方法研究了团队跨界行为与绩效正相关和个体跨界行为与角色过载正相关的悖论，结果显示个体和团队层面的因素与员工跨界行为正相关，并导致个体角色超载，进而对团队生存能力产生负面影响。然而，当聚合到团队分析级别时，更高级别的边界跨越导致团队员工经历的角色过载显著减少[95]。卡莱尔（Carlile）研究了创新环境中的跨界知识管理并开发了一个描述性框架，包括三个逐渐复杂的边界——规则、语义和语用，以及三个逐渐复杂的过程——迁移、翻译和转换[87]。朔特（Schotter）等研究了跨国企业中的部门单位间跨界行为，提出跨国企业面临的外部文化规范和制度以及内部业务活动和价值链影响个人特点和组织能力，并进而影响跨界转移的有效性[96]。

除了对项目部门间知识共享渠道的研究，还有一些研究从知识特性、企业经营战略、组织认同、部门间知识共享与绩效等出发研究了项目部门间的知识共享。王等从部门知识关键性角度提出具有非关键性知识的部门更愿意与其他具有关键性、不可替代和核心知识的部门知识共享，因为后者与前者相比具有更大的部门权力。通过两个公司的研究结果表明知识的关键性和不可替代性可以预测一个部门对另一个部门的权力程度。然而，只有一家公司的研究结果支持部门权力对部门间知识共享的中介效应，这表明部门权力在影响部门间知识共享中的作用可能还取决于部门之间目标相互依赖的程度[97]。谢勒和笛福罗瑞（Scherrer and Deflorin）研究了企业内部不同工厂之间知识共享的要求，发现相似的战略定位、相似的产品组合和相似的流程中只要满足其中的一个就可以促进知识共享而工厂成立历史长短、功能联系和地理邻近性似乎并不重要[98]。罗米（Lomi）等发现组织员工的局部组织部门认同倾向于在本地寻求建议，而组织员工的整体组织认同往往会跨越本地组织界限积极提供建议，因此对局部组织的认同限制了这些员工的知识共享范围，相反，跨局部组织咨询关系更可能发生在那些强烈认同企业整体、但对其局部组织认同感弱的经理人之间，整体组织认同可以激活跨越局部组织边界的知识转移[99]。朗（Lang）等证明了企业中多个工厂之间知识共享需要在两种效应之间进行权衡，一种是成本节约效应，另一种是共享成本效应。生产过程的复杂性调节知识共享对绩效的影响，因为他决定了这两个效应的相对强度。对于复杂程度较低的生产过程，知识共享可以产生较好的网络性能。对于中等和高度复杂的生产过程，知识共享反而降低了绩效[100]，但是朗等没有纳入知识共享方式对知识共享成本的影响，而是采用严格递增的凸函数作为部门间知识共享的唯一成本函数，所以其关于复杂知识共享绩效的结论难免偏颇。

3.4 复杂产品系统企业间知识共享相关研究

复杂产品系统的开发通常需要核心制造商管理跨组织边界的知识过程，知识创造由相互依赖的部件供应商、客户和其他利益相关方共同完成。按照复杂产品系统知识共享中企业之间的主从关系可以分为水平企业之间知识创新网络和纵向企业之间的知识共享两类。水平企业之间关系是指企业之间不存在供应链关系，而纵向企业之间关系是指存在供应链中的上下游关系。

在水平企业之间的知识创新网络方面，陈等分析了复杂产品系统生产商在创新网络知识管理中面临的一些挑战，提出了一个将知识管理流程扩展到复杂产品系统企业间协作网络中的概念框架，其中知识获取、知识整合和知识共享是复杂产品系统组织间知识管理的主要活动[101]。童亮和陈劲探讨了复杂产品系统创新过程中跨组织知识管理的障碍因素，结果表明在创新过程中不同行业复杂产品系统的知识管理面临的障碍因素也不同[102]。吉迎东等分析了技术创新网络中知识权力强弱方的知识共享贡献率、创新绩效分配系数、组织间信任、已有知识基础对知识共享的影响[103]。艾瑞兹（Eiriz）等研究了组织之间的二元关系和网络关系如何促进组织间的知识创造和转移，评估了网络中组织相互学习的机制，比较了五种二元关系的特点，组织之间通过共享知识可以创造互补、多学科的知识[104]。

涉及纵向企业之间知识共享研究方面，如陈洪转等研究了纳什均衡和斯塔克尔伯格均衡两种结构中核心制造商对供应商的激励模式，发现主从关系的斯塔克尔伯格博弈收益优于纳什均衡收益[105]。戴厄和哈齐（Dyer and Hatch）研究表明供应商网络中的知识资源对核心制造企业绩效有显著影响[106]。伯恩斯坦（Bernstein）和克奥克（Koek）运用动态博弈研究了成本依据合同和目标价格合同中供应商流程知识投入的决策，发现后者可以导致供应商投入水平的提高[107]。德福瑞斯（de Vries）等研究了将面向客户服务外包出去的制造企业和服务伙伴之间的知识共享[108]，探讨契约与非契约的关系特征对服务伙伴知识共享行为的影响，并区分了分享帮助制造企业改进当前技能和流程的利用性知识和帮助制造企业挑战目前市场定位的探索性知识，实证结果表明契约激励对探索性知识共享有负向影响，而对利用性知识共享没有负向影响，合同规范水平和关系质量与两种类型的知识共享均呈正相关，关系经理经验与探索性知识分享呈正相关，而与利用性知识分享不相关。

托多（Todo）等以日本为研究对象，利用一个大型企业的面板数据研究了供应链网络结构中通过知识扩散对生产率和创新能力的影响[109]，发现由于知识多样化，与远距离供应商的关系比与邻近供应商的关系更能提高生产率，由于无形知识（disembodied knowledge）传播差异邻近客户的关系比远距离客户的关系更能提高生产率，而与远距离供应商和客户的关系可以提高创新能力，与相邻供应商和客户的关系不影响创新能力，以企业为中心的网络密度由于知识冗余而对生产率和创新能力有负面影响。这些结论表明通过知识扩散获得多样化的联系对于提高生产力和创新能力非常重要。查特瑞那（Charterina）等分析了契约和信任在供应链成员之间的知识共享与产品创新关系中的中介作用，实证结果表明买方与供应商之间的契约与信任之间存在正相关关系，买方与供应商之间的信任与创新绩效之间也存在正相关关系，信任水平和契约使用水平都较高的企业，基于买方与供应商互动增强了产品创新能力，与信任相反，合同本身并没有起到刺激产品创新的作用[110]。

供应链学习是与企业间知识共享密切相关的概念。扬（Yang）等的供应链学习综述文献中所举出的例子就是丰田的知识共享网络，在该文献中，扬等将供应链学习划分为四种类型，即过程导向、结构导向、结果导向及其他导向，基于扩展资源视角开发了一个集成概念框架，在框架内确定了供应链学习的驱动因素[111]。

在基于两阶段博弈模型研究企业之间博弈方面，目前在两个阶段主要采用的都是非合作博弈。彭彬和赵征采用两阶段非合作博弈模型从完全竞争市场博弈定价、税收减免下博弈定价、人才补贴下博弈定价三个角度定量研究了服务外包企业的最优定价策略及其影响因素[112]。黄彬彬等建立了不完全信息下两阶段动态博弈模型，分析了环境质量要求较高的区域和环境质量较差区域的策略选择以及不完全信息如何影响补偿大小和环境质量[113]。夏和拉贾戈帕兰（Xia and Rajagopalan）采用两阶段非合作博弈模型研究了标准产品厂商和定制产品厂商之间的竞争关系[114]。章和弗雷泽（Zhang and Frazier）研究了企业之间的竞争与合作，采用两阶段非合作博弈研究了竞合关系中的最优合同设计[115]。在复杂产品供应商网络的知识优化投入与共享中，既有知识优化投入的非合作博弈，也有知识共享的合作博弈，因此结合非合作博弈和合作博弈模型研究这种竞合关系是值得尝试的合理方法。

3.5 复杂产品系统知识共享支持算法相关研究

3.5.1 复杂产品系统设计知识共享支持算法相关研究

复杂产品系统设计知识共享支持算法包括复杂产品系统知识检索和推荐两个方面的算法。在利用计算机算法促进复杂产品系统知识共享中的知识检索环节方面，帕克（Park）等较早展开了针对复杂产品系统的知识共享支持算法研究[116]，指出知识共享是复杂产品系统企业创造竞争优势的关键，并设计了基于案例推理的决策系统帮助流程工程师快速解决实际问题。李（Lee）等为了解决复杂产品系统开发中的知识共享问题，设计了基于概念相似度的知识检索算法达到有效检索以往设计经验知识的目的[117]。

由于复杂产品系统涉及知识密集，很多学者将本体研究引入复杂产品系统的设计知识共享中。本体概念的最初动机是促进人工智能系统中的知识表示的重用，即不同应用程序可以共享形式化和明确表示的领域知识本体，避免了很多重复工作，以后被逐步应用到语义网、知识管理系统等[118,119]。齐宙（Chhim）等采用先进产品质量计划（Advanced Product Quality Planning，APQP）五阶段流程建立了产品设计和制造知识本体用以促进制造业知识重用[120]。方伟光等针对复杂产品系统设计需要综合多学科知识、知识密集导致的知识共享与重用困难等问题，建立了基于本体的复杂产品系统设计知识表示和标注方法[121]。刘晨等则针对复杂产品系统工艺知识多元化的特点，提出了一种面向语义的复杂产品系统工艺知识领域本体表示与构建方法[122]。费尔南德斯（Fernandes）等在应用本体表示概念设计的基础上采用创新指数衡量新提出概念设计的创新程度并辅助创新设计过程[123]。

也有学者将本体与工作流结合在构建与工作相关的知识本体方面进行了一些研究。刘（Liu）等设计了基于角色的知识流生成算法和概念集生成算法以建立基于角色的知识流，用以提高知识共享和知识支持的效果[124]。李柏洲等根据苹果手机研发过程中团队员工的不同任务，选取相关知识节点形成虚拟知识流，建立了团队虚拟知识流抽取模型以满足不同任务团队的知识需求[125]。吴林健等提出了一种基于知识点和工作流的双引擎知识推送机制，实现了设计师与设计知识的匹配[126]。刘庭煜在对工作流任务情境进行分析的基础上，建立了一种层次工作流情境本体模型，根据本体匹配度对产品开发过程业务产物智能[127]。姜洋等为解决复杂产品系统协同设计知识分布冗余的问题，提出了一种基于设计知识本体的知识集成流程，通过对本体相似度的量化运算，解决了设计知识本体集成的问题[128]。

在复杂产品系统知识推荐方面，王和常（Wang and Chang）结合基于内容的推荐技术与协同过滤技术设计了虚拟研究团队的知识推荐系统[129]。梁（Liang）等采用语义扩展方法，通过分析用户以前阅读过的显性知识文档来构建用户概貌并提供个性化的内容，实验显示语义扩展方法在吸引用户兴趣方面优于传统的关键词方法[130]。甄（Zhen）等基于用户和知识上下文信息的语义匹配，通过调整规则，使知识推荐系统可以适应不同的用户[131]。密阮建驰等采用情景建模方法，基于情景感知与因子分解机实现有针对性的知识推荐[132]。王克勤等在识别设计情境属性及要素的基础上构建设计情境要素交互模型，进而通过历史情境模型、当前情境模型、协同过滤模型、陈述熟悉度模型等多个模型综合判定设计人员所需要的知识并实现推荐[133]。

由于协同标记系统的优势和快速发展，在该领域的研究近年来已经成为研究热点并应用在知识推荐中。在这方面的应用与研究主要集中在以下四个方面：

（1）协同标记系统的系统结构与发展动力。马罗（Marlow）详细分析了标记系统的各种类型[134]。戈尔德和休伯曼（Golder and Huberman）分析了协同标记系统的结构[135]。哈尔平（Halpin）建立了一个协同标记的一般系统模型来理解其动力结构，在该结构中包括三类实体，分别是用户、资源和标签[136]。

（2）根据用户的标签历史主动推荐相关资源。在这方面很多推荐系统应用基于协同过滤（Collaborative Filtering，CF）技术向用户推荐资源。但是由于协同过滤技术只是利用了用户和标签或者用户和资源的二维结构，没有利用协同标记系统的用户、标签和资源三元结构，因此造成一定的信息损失。萨特（K. Tso-Sutter）提出了一个在标准的协同过滤技术上融入标签信息进行推荐的方法[137]，把三维空间转换为三个二维的空间，然后再把这些二维空间的相关信息融合到三维空间中。

（3）在用户收藏资源时主动推荐适当的标签。西格约翰森（Sigurbjörnsson）在分析了雅虎网络相册（Flickr）网络相簿系统中用户的标签特征后提出了一个基于标签共存（tag co-occurrence）的标签推荐策略[138]。西蒙尼戴斯（Symeonidis）用三阶张量表示协同标记系统中的用户、标签和资源，并应用高阶奇异值分解技术进行语义分析和降低数据维数，目的是在用户标记资源时自动向用户推荐标签[139]。

（4）根据用户输入的一个或多个的标签（查询词）推荐相关资源。盖梅尔（Gemmell）提出了一种基于层次聚类算法的个性化推荐策略[140]，在该策略中应用标签聚类作为用户查询的上下文。博克哈吉和艾尔普坎（Bauckhage and Alpcan）等在扩展隐含语义分析的基础上提出一个混合推荐模型，其中通过在推荐过程中引入标签的共同标记关系解决了推荐结果范围太窄的问题，提高了在线社区中知识的推荐质量[141]。罗伯特和安德烈亚斯（Robert and Andreas)[142]把谷歌的网页排序算法（PageRank）引入协同标记系统中，其思想是：重要用户使用重要标签标记的资源也是重要的，对于用户和标签也有类似判断。

在标签聚类的有关研究方面，瑞德拉和波尔（Radelaar and Boor）等通过实验研究表明标签聚类可以发现语义相近的标签[143]。舍皮特森和格梅尔（Shepitsen and Gemmell）等提出应用层次聚类算法从大众分类中建立层次分类（taxonomy），他们的实验结果显示所建立的层次分类收到了很好的效果，并基于图论分析了其原因[144]。加尔卡和祖比加（Garca and Zubiaga）等比较了标签的层次聚类、基于图的最大完全连接数聚类以及均值聚类，发现尽管均值算法计算的时间效率较高，但生成的聚类中会有不相关的标签。层次聚类、基于图的最大完全连接数聚类生成的聚类内聚性较好[145]。

3.5.2 复杂产品系统决策知识共享支持算法相关研究

钱学森等提出解决复杂问题的"从定性到定量综合集成方法论"可用以解决复杂产品中所涉及的复杂知识问题，该方法倡导将专家集体、统计数据和信息知识有机结合起来，构成一个高度智能化的人机交互系统，具有综合集成的各种知识，从感性上升到理性，实现从定性到定量的功能。将专家集体的知识特别是隐性知识结合起来的过程中，应用决策辅助系统将有助于实现更合理地发现专家分歧，更好地交流隐性知识，并在此基础上达成更高程度的共识。

凯恩和索德伯格（Kain and Soderberg）分析了开发方案决策中

融合多方知识的重要性，并从知识异质性、意见多元性和意见冲突解决方法等角度比较了 NAIADE、SCA 和 STRAD 三种辅助决策算法，结果表明 STRAD 算法在交互式决策过程有较高的可用性[146]。

在当今的社会和各种组织中越来越需要融合各种意见进行共识决策。共识决策是一个决策团队中所有成员通过知识共享，致力于找到每个人都积极支持的解决方案，或者至少可以接受的解决方案，确保所有的意见、想法和担忧等都得到考虑，最终达成一致意见的创造性和动态的方式，而不是简单地通过投票进行决策。在共识决策中，每个决策者根据其不同的背景、经验所具有的隐性知识可以表达自己不同信息粒度和结构的偏好，满足了综合集成方法论的决策要求。

已有的大多数共识决策算法的结果都是产生一个关于备选项目的全排序，但在很多情况下这样的结果不符合共识决策的原则。备选项目全排序的优势在于无论用户的偏好有多大的冲突，总会产生一个所有条目排序列表。但这种优势也是一种劣势，因为当对备选项目的相关知识共享不充分时，决策者之间没有一致意见或只有轻微的一致意见，这种全排序方法仍然根据排序算法生成一个总排序。在这种情况下，所得到的排序结果并不是共识排序，而仅仅是算法的输出。基于这样的排序所做出的决定将极具风险。

也有的共识决策算法虽然能够产生只包含部分项目的集结结果，但是这些算法的原理是首先定义排序之间的距离，其距离概念无法在共识决策过程中找到合理解释，从而也无法找出需要进一步沟通和讨论的项目，因此无法支持共识决策过程。为了支持共识决策过程，需要通过构建共识排序树从评审人员给出的排序中找出已达成的最大共识排序和需要进一步协商的项目，集结算法应能够产生代表共识的部分排序，同时能够输出冲突项目以备评审人员进一步沟通达成共识。

总结目前对于共识决策问题的研究，可以按照表 3 – 3 所示的三个维度进行分类：评审人员提供的偏好信息的完整性、集结结果的类型以及表达评审人员偏好的形式。

表 3 – 3　　　　　　　　　　群排序研究的三个维度

维度	分类
评审人员提供的偏好信息的完整性	包含全部项目的偏好、只包含部分项目的偏好
表达评审人员偏好的形式	分数形式、两两比较、排序
集结结果的类型	全排序、部分排序

共识决策问题有三种表达评审人员偏好的形式，即分数形式、两两比较和排序。分数形式要求每位评审人员针对各个备选方案打分。但是评审人员经常会感到很难用精确的数字去表达偏好，而且由于个人评分行为差别会导致集结结果出现偏差。两两比较也是一种常用的表达偏好的形式，这种形式要求每位评审人员对所有备选方案的两两组合提供比较，因此在备选方案较多时这种方式非常烦琐。以排序给出的偏好形式要求评审人员提供一个备选方案的优先顺序。由于排序方式的通用性和灵活性，采用这种方式。

根据评审人员提供的偏好信息的完整性，共识决策问题可以分为包含全部方案的偏好和只包含部分方案的偏好两种形式。前者要求评审人员对所有方案做出评价，而后者允许只对部分方案做出评价。

根据集结结果的类型，集结方法可以分为两类：全排序和部分排序。已有研究主要集中在如何形成一个最终的全排序，使得集结排序和所有评审人员提供的偏好之间的不一致性或者"距离"达到最低。但有时评审人员偏好之间的不一致性非常高，评审人员之间几乎不存在共识，这时因为忽视了评审人员偏好之间的不一致，算法所产生的结果已经失去意义，纯粹是依赖于算法实现的输出。本章考虑到评审人员偏好之间的不一致，引入最大共识排序表示所有评审人员之间能够达成的最大共识，避免了硬性输出一个全排序结果的缺点。

此外，决策排序也与序列模式挖掘有关。阿格拉瓦尔和斯里坎特（Agrawal and Srikant）首先引入了挖掘序列模式的问题并提出了AprioriAll 算法[147]。该算法的基本思想是：给定序列集合作为输入，其中每个序列由项组成，算法的作用是找出超出规定阈值的频繁子序列。萨尔瓦多（El-Sayed）等设计了基于频繁序列树的序列挖掘算法[148]，减少了扫描数据库的次数，提高了算法性能。借鉴萨尔瓦多算法的思想设计基于排序树的复杂产品系统决策知识共享支持算法，但与萨尔瓦多算法中序列的不同之处是决策排序中不允许有重复的方案，而序列中可以有重复方案。另外算法的输出结果是共识排序，而不是频繁序列。

3.6　研究评述

综合以上研究现状，目前国内外学者对于复杂产品系统知识共享的相关研究取得了一定研究成果。这些研究提供了基础性理论依据，但仍存在一些不足：

（1）对个人间知识共享博弈的研究对象主要是一般企业，针对复杂产品系统的研究比较缺乏，同时往往都是基于某一种博弈模型进行研究，从而难以系统深入地研究各种假设模型下知识共享博弈中知识共享发生的基本条件。对个人间知识共享影响因素的研究主要从某一个理论视角展开研究，很少有从多元理论视角全面研究知识共享的影响因素，因此难以给出知识共享管理重点的建议，没有考虑知识复杂性对知识共享的影响，也没有针对复杂产品系统企业所实施的基于知识管理系统的知识共享进行研究。

（2）对项目部门间知识共享的研究主要包括跨界人和知识网络两方面，这些研究主要围绕跨界人的网络位置和主体特征展开，没有考虑利用复杂知识中各知识元素之间的依赖关系所产生的协同创造效应对知识共享的促进作用，也没有考虑复杂知识共享产生的知识共享失真、超载和激励问题。

（3）对企业之间的知识共享，目前研究主要包括水平企业之间的知识共享和纵向企业之间的知识共享，围绕网络位置、关系强弱等，没有研究水平与垂直同时存在的情况下，即复杂产品系统生产中存在的核心制造商与部件供应商之间纵向关系中的供应商之间水平关系中的知识共享问题，并且企业是利益主体，知识共享过程中关心的主要还是利益分配问题，但目前还鲜有直接针对企业之间的知识共享收益分配问题展开研究。

（4）在复杂产品系统知识共享的支持算法方面，对复杂产品系统设计人员的知识共享技术支持中，没有考虑设计人员对于工作流中不同节点所涉及知识的不同程度需求问题；在知识推荐方面采用了协同过滤技术向用户推荐，但只是利用了用户和标签或者用户和资源的二维结构，没有利用协同标记系统的用户、标签和资源三元结构，因此造成一定的信息损失。在复杂产品系统决策知识共享中需要参与决策人员的大量隐性知识，但以往群排序集结算法的结果都是产生一个关于备选项目的全排序，没有分别产生代表共识的部分排序和暂时没有达成一致意见的冲突项目，无法有针对性地支持决策人员之间的知识共享需求。

本书以复杂产品系统知识共享为重点，以复杂产品系统中的复杂知识特征为基础，对复杂产品系统企业的知识共享进行深入、系统的研究，为复杂产品系统企业的知识管理提供理论指导和技术支持。

3.7　本章总结

通过对国内外相关文献资料搜集与分析，界定了复杂产品系统知识共享和复杂知识等相关概念与分类，分析了复杂知识的本质属性。按照复杂产品系统个人间知识共享、项目部门间知识共享与企业间知识共享的层次式结构综述了相关理论研究和支持算法的研究成果，总结评述了复杂产品系统知识共享研究的不足之处。

第 4 章

复杂产品系统个人间知识共享条件

4.1 引　　言

知识不同于信息，他植根于人的头脑中，甚至是人身份的一部分。共享知识既不能监督也不能强加于人，只有当人们自愿时才会发生。知识可以提升职业安全感，保留知识是一种自然的倾向并很难改变。但是野中郁次郎的知识创造理论指出组织知识的创造必须在知识共享活动中产生[6]，从而企业也才能从知识创造中获得竞争优势。因此必须将企业中的员工作为一个理性决策主体进行分析才能够通过员工间的知识共享为企业创造知识。

博弈论是一种能够分析理性行为主体决策的有效方法。目前已有学者运用博弈论对知识共享机制进行了研究和分析，这些研究提供了基础和思路，但现有研究没有结合复杂产品系统的知识复杂性特点对知识共享收益结构的全面分析。此外，在员工之间社会联结基础上的互惠行为是促进知识共享的重要因素，但现有研究只是考虑了博弈本身产生的直接收益。本章将在借鉴已有相关研究的基础上，综合考虑复杂产品系统知识共享的特点，建立知识共享收益函数，在静态博弈、动态博弈、演化博弈和互惠机制等逐步递进分析复杂产品系统知识共享的条件下，对复杂产品系统内部知识共享的稳定性和持续性进行研究。

4.2 复杂产品系统知识共享静态博弈模型

4.2.1 复杂产品系统知识共享参数与收益函数

复杂产品系统知识共享博弈特点是复杂产品知识协同度高，与简单产品中知识共享的作用相比，复杂产品系统知识共享会产生更高的收益，通过共享创造知识的作用更加显著，因而复杂产品系统知识共享的收益结构不同于简单产品知识共享的收益结构。

在复杂产品系统企业中，员工的知识确定了其在组织中的报酬、声誉和地位。员工之间在知识共享时不仅获得了对方的知识，在此过程中还和本身已有的知识结合创造了新的知识，并且双方彼此共享的知识相结合也会产生协同知识创造效应。因此可以认为员工本来的知识存量、通过共享获得的知识、通过共享自己创造的知识以及共享过程中和他人协同创造的知识决定了员工的收益。知识共享产生的知识收益决定员工是否进行知识共享的行为。

在复杂产品系统知识共享博弈中影响员工收益的因素主要与自身因素、对方因素和知识复杂性等因素有关，分别说明如下：

K_i 为员工 i 的自有知识存量。

$\alpha_i k_j$ 为员工 j 给员工 i 并被其吸收的知识量；k_j 为员工 j 共享的知识量，但由于员工 j 的知识共享能力和员工 i 的吸收能力以及共享过程中的失真等因素，导致 k_j 并不会全部被员工 i 所吸收，因此 α_i 作为共享效果系数，体现了这些因素导致的知识共享效率。

$\beta_i K_i k_j$ 为知识的独立创造效应，员工 i 将从员工 j 处获取的知识和自有知识进行组合和升华，在自己原有知识基础上创造了属于自己的新知识。β_i 为个人创新系数，体现了员工 i 对知识的理解、发挥和灵活应用能力。

$\gamma(E, Q) k_i^s k_j^t$ 为复杂产品知识的协同创造效应，员工 i 和员工 j 互相共享知识，在此过程中通过相互协作、交流和反馈进行隐性知识和显性知识的共享，按照野中郁次郎的知识创造螺旋模型[8]创造新的知识。$\gamma(E, Q)$ 为产品系统复杂系数，与知识包含的子元素个数以及知识之间的相互依赖数量有关，子元素及其之间的相互依赖数量越多，知识的协同创造效应越显著。该函数借鉴了柯布－道格拉斯生产函数的形式，γ 为复杂产品系数，复杂产品系统越复杂，双方的知识依赖度越高，知识共享产生的知识创造效应越显著。s、t 分别为员工 i、员工 j 共享知识的弹性系数，表示各自知识的相对重要性，即所共享知识对知识创造的价值，$0 < s$，$t < 1$，$s + t$ 的值可以大于 1，等于 1 或者小于 1，分别表示通过知识共享创造知识的边际效用递增、不变和递减。

$c_i k_i$ 为员工 i 进行知识共享所产生的直接成本，知识共享使员工

i 花费的时间、精力、物质资源，c_i 为知识共享成本系数，与复杂产品系统企业的社会资本状况、知识共享信息支持系统有关系。

$\zeta_i k_i / K_i$ 为员工 i 知识共享所导致的间接成本，员工 i 在将自己知识共享后，会丧失这些知识产生的专有收益，并且降低员工 i 在复杂产品系统企业中的影响力和价值，对员工在组织中的职业发展产生一定负面影响，这种负面影响与其原有的知识水平 K_i 成反比，与所共享知识的价值系数 ζ_i 和共享的知识量 k_i 成正比。

综合以上因素，在员工 i 和员工 j 均选择知识共享时员工 i 的收益函数如下：

$$u_i = K_i + \alpha_i k_j + \beta_i K_i k_j + \gamma(E, Q) k_i^s k_j^t - c_i k_i - \zeta_i k_i / K_i \quad (4-1)$$

4.2.2　静态博弈纳什均衡分析

首先从完全信息静态博弈进行分析，即假定员工同时决策并且对各方收益都了解的情况下，可以建立博弈收益矩阵（见表 4 - 1）。

表 4 - 1　　复杂产品企业内员工知识共享博弈收益矩阵

决策		员工 j	
		共享	不共享
员工 i	共享	R_i, R_j	S_i, T_j
	不共享	T_i, S_j	P_i, P_j

在知识共享博弈收益矩阵结构中，决定员工知识共享行为的关键变量是 $T - R$ 值和 $P - S$ 值。$T - R$ 值如果越大，则员工在获得他人知识共享后自己不共享即知识投机的动力越强烈，因此定义员工

知识投机冲动如下：

$$D_g = T - R \qquad (4-2)$$

$P-S$ 值越大表示员工在他人没有共享的前提下自己主动共享所带来的风险越大，员工就越没有动力主动知识共享，因此定义员工的知识风险规避冲动如下：

$$D_r = P - S \qquad (4-3)$$

根据员工的知识投机冲动和知识风险规避冲动，知识共享的收益情况可以分为四种：

第一种情况是 $D_g > 0$，$D_r > 0$。此时同时存在知识投机冲动和知识风险规避冲动。这种情况下员工既不愿意主动知识共享，在其他员工向自己共享知识后也不愿意回馈知识共享。

第二种情况是 $D_g > 0$，$D_r < 0$。此时存在知识投机冲动，但不存在知识风险规避冲动。此时员工有意愿主动共享知识，但对方如果不回馈知识共享则对方收益更大。

第三种情况是 $D_g < 0$，$D_r > 0$。此时不存在知识投机冲动，但存在知识风险规避冲动。这种情况下共享知识对双方收益都最大，但由于存在知识风险规避冲动，员工不愿意主动知识共享。

第四种情况是 $D_g < 0$，$D_r < 0$。此时不存在知识投机冲动，也不存在知识风险规避冲动。这种情况下纳什均衡为双方都知识共享，纳什均衡与帕累托最优一致，不存在知识共享困境，是知识共享管理的理想状态。

根据双方都知识共享的效用函数求得复杂产品系统知识共享博弈收益矩阵元素值分别为：

$$R_i = K_i + \alpha_i k_j + \beta_i K_i k_j + \gamma(E, Q) k_i^s k_j^t - c_i k_i - \zeta_i k_i / K_i \quad (4-4)$$

$$R_j = K_j + \alpha_j k_i + \beta_j K_j k_i + \gamma(E, Q) k_i^s k_j^t - c_j k_j - \zeta_j k_j / K_j \quad (4-5)$$

$$T_i = K_i + \alpha_i k_j + \beta_i K_i k_j \quad (4-6)$$

$$T_j = K_j + \alpha_j k_i + \beta_j K_j k_i \quad (4-7)$$

$$S_i = K_i - c_i k_i \quad (4-8)$$

$$S_j = K_j - c_j k_j \quad (4-9)$$

$$P_i = K_i; P_j = K_j \quad (4-10)$$

$$D_g = c_i k_i + \zeta_i k_i / K_i - \gamma(E, Q) k_i^s k_j^t \quad (4-11)$$

$$D_r = c_i k_i \quad (4-12)$$

（1）纯策略均衡。

由于员工 i 和员工 j 是对称性，只需对员工 i 进行分析。由于 $D_r > 0$，存在知识风险规避冲动，员工主动知识共享存在对方不共享知识的担忧。D_g 正负取决于知识共享直接与间接成本和知识协同创造效应。如果知识的协同创造效应不足以弥补知识共享直接成本和间接成本，$D_g > 0$，此时同时存在知识投机冲动，知识共享表现为典型的"囚徒困境"问题，（不共享，不共享）为唯一的纳什均衡解，纳什均衡和帕累托最优不一致。对于简单产品企业中的知识，由于知识协同创造效应较小，员工原有的知识存量 K_i 也较小，知识共享的成本较大，因此存在知识投机冲动是简单产品企业中的常态。

对于复杂产品企业，产品系统越复杂，知识共享所产生的协同创造效应越高，知识共享收益也越高，这为复杂产品系统企业知识共享奠定了基础，知识共享管理的重点在于减少知识投机冲动，使 $D_g < 0$。为此，一方面，复杂产品系统企业可以建立以知识元素之间依赖关系为基础的员工社会联结，增加员工知识共享的协同创造

效应。另一方面，采用各种信息技术提高员工知识共享的便利性，减小员工知识共享的直接成本，招聘知识存量更大的员工，增加员工专业知识培训的力度，减小员工知识共享的间接成本。采取这些措施使得 $D_g < 0$ 后，该博弈矩阵有两个纯策略纳什均衡：（共享，共享）和（不共享，不共享），成为"猎鹿博弈"的收益结构，这是与简单产品知识共享的显著不同之处。显然其中（共享，共享）帕累托优于（不共享，不共享），至于最终的均衡状态需要对复杂产品系统知识共享博弈模型参数进一步分析。

（2）选择共享策略的条件。

在 $D_g < 0$ 时复杂产品系统知识共享博弈具有两个纯策略均衡解，为了使员工都选择知识共享策略，需要对博弈参数满足的条件进行分析。假设员工 j 预期员工 i 进行知识共享的概率为 p_i，不共享的概率为（$1 - p_i$），这种预期与员工 i 的知识共享信誉、员工之间的社会联结强度以及他们之间的信任有关。

则员工 j 选择共享策略 s_1 时的期望收益为：

$$\Pi_j(s_1) = p_i\left[K_j + a_j k_i + \beta_j K_j k_i + \gamma(E, Q)k_j^s k_i^t - c_j k_j - \zeta_j k_j / K_j\right]$$
$$+ (1 - p_i)(K_j - c_j k_j - \zeta_j k_j / K_j) \qquad (4-13)$$

员工 j 选择不共享策略 s_2 时的期望收益为：

$$\Pi_j(s_2) = p_i(K_j + a_j k_i + \beta_j K_j k_i) + (1 - p_i)K_j \qquad (4-14)$$

员工 j 知识共享的条件为 $\Pi_j(s_1) > \Pi_j(s_2)$，即：

$$p_i > \frac{c_j k_j + \zeta_j k_j / K_j}{\gamma(E, Q)k_j^s k_i^t} \qquad (4-15)$$

式（4-15）表明只有员工预期对方选择知识共享行为的概率超过知识共享的直接成本和间接成本之和与协同知识创造效应的比值时员工才会选择知识共享策略，并且与复杂产品系统的个人知识创造效应无关。可见复杂产品系统企业应根据复杂知识中各子元素之间的依赖关系建立员工之间的社会关系，从而使得员工都选择知识共享成为纳什均衡，同时也是帕累托最优的结果。复杂知识中子元素的数量、知识元素之间的依赖关系越多，这种根据知识依赖关系建立社会联结产生的知识协同创造效应越显著，知识共享就越会成为员工自觉的选择。

在复杂产品系统知识共享的直接成本方面，企业应建立支持社会网络服务的知识管理系统，便于员工根据知识依赖关系建立社会联结，利用信息技术降低知识共享的直接成本。在间接成本方面，高知识存量的员工是发生知识共享的重要条件，否则将会导致知识共享的间接成本提高，难以发生知识共享。

从式（4–15）的左边看，员工预期对方选择知识共享的概率越高，就越会选择知识共享。可见复杂产品系统企业应特别重视建立信誉机制，特别是在知识管理系统建立基于知识共享行为和他人评价的信誉机制将会显著提高员工知识共享的预期。

（3）激励机制对复杂产品系统知识共享博弈均衡结果的影响。

为了促进知识共享，复杂产品系统企业还可以对知识共享行为采取正向激励和负向激励措施，加入激励因素后员工都选择知识共享策略的收益函数为：

$$u_i = K_i + a_i k_j + \beta_i K_i k_j + \gamma(E, ZQ) k_i^s k_j^t - c_i k_i - \zeta k_i / K_i + \eta(\lambda k_i - \varphi_i),$$

$$\varphi_i = \begin{cases} 0, k_i > 0 \\ \varphi, k_i = 0 \end{cases} \quad\quad\quad (4-16)$$

其中，λk_i 为正向激励机制，包括经济与物质奖励、职位晋升等物质奖励和荣誉、表彰、认可、声誉等精神奖励，以及更多合作机会等隐性奖励三个方面。

φ_i 为负向激励机制，即通过对不选择知识共享行为将会导致的不利结果预期或担心而产生的激励。员工不选择知识共享主要出于知识投机冲动和知识风险规避冲动，通过负向激励可以降低这两种冲动。

η 表示员工知识共享行的组织透明度，表示组织发现个人知识共享行为的概率。

加入知识共享激励措施后的收益函数为：

$$R_i = K_i + a_i k_j + \beta_i K_i k_j + \gamma(E, Q) k_i^s k_j^t - c_i k_i - \zeta_i k_i / K_i + \eta \lambda k_i$$

$$(4-17)$$

$$R_j = K_j + \alpha_j k_i + \beta_j K_j k_i + \gamma(E, Q) k_i^s k_j^t - c_j k_j - \zeta_j k_j / K_j + \eta \lambda k_j$$

$$(4-18)$$

$$T_i = K_i + a_i k_j + \beta_i K_i k_j - \eta \varphi \qquad (4-19)$$

$$T_j = K_j + a_j k_j + \beta_j K_j k_i - \eta \varphi \qquad (4-20)$$

$$S_i = K_i - c_i k_i - \zeta_i k_i / K_i + \eta \lambda k_i \qquad (4-21)$$

$$S_j = K_j - c_j k_j - \zeta_j k_j / K_j + \eta \lambda k_j \qquad (4-22)$$

$$P_i = K_i - \eta \varphi \qquad (4-23)$$

$$P_j = K_j - \eta \varphi \qquad (4-24)$$

$$D_g = c_i k_i + \zeta_i k_i / K_i - \gamma(E, Q) k_i^s k_j^t - \eta(\varphi + \lambda k_i) \qquad (4-25)$$

$$D_r = c_i k_i + \zeta_i k_i / K_i - \eta(\varphi + \lambda k_i) \qquad (4-26)$$

加入激励措施后，D_g 和 D_r 的值都变小。可见激励措施减小了知识投机冲动和知识风险规避冲动，奖励和惩罚力度越大，复杂产品系统知识共享行为透明度越高，知识投机冲动越小甚至消失。

员工 j 选择知识共享时的预期收益为：

$$\Pi_j(s_1) = p_i \big[K_j + a_j k_i + \beta_j K_j k_i + \gamma(E, Q) k_j^s k_i^t - c_j k_j - \zeta_j k_j / K_j + \eta \lambda k_j \big]$$
$$+ (1 - p_i)(K_j - c_j k_j - \zeta_j k_j / K_j + \eta \lambda k_j) \tag{4 - 27}$$

员工 j 选择不知识共享时的预期收益为：

$$\Pi_j(s_2) = p_i(K_j + a_i k_i + \beta_j K_j k_i - \eta \varphi) + (1 - p_i)(K_j - \eta \varphi)$$
$$\tag{4 - 28}$$

员工 j 选择知识共享行为的条件是 $\Pi_j(s_1) > \Pi_j(s_2)$，即：

$$p_i > \frac{c_j k_j + \zeta k_j / K_j - \eta(\lambda k_j + \varphi)}{\gamma(E, Q) k_j^s k_i^t} \tag{4 - 29}$$

比较式（4 - 15）和式（4 - 29）时可知，加入正向和负向激励因素后，预期对方也选择知识共享策略的概率要求降低，员工选择知识共享行为的可能性提高。当正向激励与负向激励之和足够大使得 $c_j k_j + \zeta k_j / K_j - \eta(\lambda k_j + \varphi) \leqslant 0$ 时，激励机制超过了员工知识共享产生的直接成本与间接成本之和 $c_j k_j + \zeta k_j / K_j$，从而双方无论如何预期对方的策略都会选择知识共享，（共享，共享）就成为唯一纳什均衡解。所以复杂产品系统企业对知识共享管理激励措施力度越大，并且共享行为组织透明度越高，员工选择知识共享的倾向越大。

4.3　复杂产品系统知识共享动态博弈模型

4.3.1　采用针锋相对原则的无限次重复博弈

复杂产品系统企业中员工的知识共享博弈是长期重复进行的，未来的长远利益会影响员工现时的行为策略选择。假设员工采用针锋相对原则，即员工面临知识投机冲动和风险规避冲动时，在第一次博弈中选择与另一方知识共享，然后模仿对方之前的选择。这一策略的出发点是基于报复和利他主义。

当员工 i 第一次博弈选择知识共享策略 s_1 时，由于对方采用针锋相对原则，对方也会选择共享行为，因此每一轮博弈的收益均为 R_i；当员工 i 第一次选择不进行知识共享策略 s_2 时，对方根据针锋相对原则在第一次博弈中选择知识共享，则员工 i 第一次博弈的收益为 T_i，但是触发对方的针锋相对原则，对方今后不再选择知识共享策略，此时员工 i 的收益为 P_i。

因此无限次重复动态博弈模型中员工 i 两种策略的收益函数分别为：

$$\Pi_i(s_1) = R_i + \sum_{t=1}^{\infty} \delta^t R_i = \frac{R_i}{1-\delta} \qquad (4-30)$$

$$\Pi_i(s_2) = T_i + \sum_{t=1}^{\infty} \delta^t P_i = T_i + \frac{\delta P_i}{1-\delta} \qquad (4-31)$$

其中，δ 为折现系数，体现了知识共享未来收益对当前阶段的重要性，受员工职业稳定性、关系稳定性和知识依赖关系稳定性等因素影响。

员工 i 选择知识共享策略的条件是 $\Pi_i(s_1) > \Pi_i(s_2)$，将式（4-17）、式（4-19）和式（4-23）分别代入整理后得：

$$\delta \geqslant \frac{T_i - R_i}{T_i - P_i} = \frac{c_i k_i + \zeta_i k_i / K_i - \gamma(E, Q) k_i^s k_j^t - \eta(\lambda k_i + \varphi_i)}{\alpha_i k_j + \beta_i K_i k_j} \qquad (4-32)$$

博弈双方均满足式（4-32）时，员工全部参与知识共享成为复杂产品系统知识共享动态博弈的纳什均衡。首先，从式（4-32）左边分析，折现系数越大，式（4-32）越容易满足，因此折现系数对复杂产品系统企业中员工的知识共享行为具有重要影响。要增加折现系数，就要提升员工职业稳定性、团队稳定性和员工知识依赖关系的稳定性。其次，从式（4-32）右边分析，当复杂产品系统知识协同创造效应增加、知识共享激励机制实施与共享成本减小时，知识共享持续进行的稳定性增加，具体可细分为两种情况。

（1）$c_i k_i + \zeta_i k_i / K_i - \gamma(E, Q) k_i^s k_j^t - \eta(\lambda k_i + \varphi_i) \leqslant 0$：因 $\delta \geqslant 0$，所以式（4-32）总是满足，表示知识共享带来的成本和知识损失小于知识的协同创造效用和奖惩之和时，知识共享就会持续进行下去。

（2）$c_i k_i + \zeta_i k_i / K_i - \gamma(E, Q) k_i^s k_j^t - \eta(\lambda k_i + \varphi_i) > 0$：这时通过知识共享创造的知识效用与奖惩之和不足以弥补知识共享带来的共享成本与知识损失，这时就要求知识共享的直接效果（$\alpha_i k_j$）和独立知识创造效应（$\beta_i K_i k_j$）增加，从而增加知识共享的稳定性，即员工的知识共享环境、知识共享能力和知识吸收能力（α_i）越高，在共享知识基础上的进一步独立知识创造能力（β_i）越高，员工就越有可能进行持续的知识共享。

4.3.2　社会网络和知识管理系统对知识共享的影响

员工知悉对方行为策略选择的概率与员工之间的网络距离（D）、社会联结强度（S）和知识管理系统完善水平（L）三个因素有关。网络距离越近，社会联结强度越高，越清楚对方的知识共享策略选择。知识管理系统越完善，员工越容易在知识管理系统平台上建立明确的知识共享信誉，从而其策略选择越容易被他人所了解。

因此透明度 μ 为网络距离 D 的单调减函数，社会联结强度 S 和信息技术水平 L 的单调增函数，$\partial\mu/\partial D<0$，$\partial\mu/\partial S>0$，$\partial\mu/\partial S>0$，设 $\mu=\tau\dfrac{SL}{D}$，其中 τ 为三个因素的综合影响系数，体现了复杂产品系统企业的知识共享管理水平。

根据以上条件，代入式（4-32）整理后得：

$$\delta\geqslant\frac{\left[c_ik_i+\zeta_ik_i/K_i-\gamma(E,\ Q)k_i^sk_j^t-\eta(\lambda k_i+\varphi_i)\right]D}{(\alpha_ik_j+\beta_iK_ik_j)\tau SL}\quad(4-33)$$

式（4-33）表明了复杂产品系统企业中的社会网络、知识管理系统完善程度和知识共享管理水平对有效知识共享的影响，按两种情况进行分析。

（1）当 $c_ik_i+\zeta k_i/K_i-\gamma(E,\ Q)k_i^mk_j^n-\eta(\lambda k_i+\varphi_i)\leqslant 0$ 时。

由于 δ 非负，这种情况下式（4-33）总是成立，表明当复杂产品系统知识共享所带来的直接成本与间接成本可以抵消协同创新所带来的收益与奖罚之和时，理论上复杂产品系统企业中的知识共享对员工社会网络的网络距离和联结强度、知识管理系统完善程度没有严格要求，知识共享本身的动力就可以维持知识共享活动的持续进行。

（2）$c_ik_i+\zeta k_i/K_i-\gamma(E,\ Q)k_i^mk_j^n-\eta(\lambda k_i+\varphi_i)>0$ 时。

当复杂产品系统知识共享所带来的直接成本与间接成本不足以抵消协同知识创造收益与奖罚之和时，知识共享的持续进行一方面要求知识共享活动本身的成本尽可能小、知识共享的效率尽可能高，另一方面要求员工的社会网络距离尽可能小，联结强度尽可能高，知识管理系统尽可能完善，知识共享管理的综合水平要尽可能提高。

4.4　复杂产品系统知识共享演化博弈模型

4.4.1　演化动态微分方程

以上博弈分析建立在博弈参与方完全理性的基础上，参与方知道博弈的所有细节，包括彼此的偏好结果，博弈方必须考虑对手的策略分析结果后才能做出自己的选择。但实际上博弈方很难知悉其他博弈方的策略并做出最佳反应。在演化博弈模型中博弈方只需要观察总体收益最高的策略并模仿即可，从而高于平均策略收益的策略会逐渐增加，低于平均策略收益的策略逐渐减少。演化就是总体中各博弈方的策略状态随时间变化的过程，演化博弈模仿者动力学方程就是描述博弈方基于收益比较随着时间改变其策略的演化过程，演化的结果就是一个演化稳定的纳什均衡。

设员工总数为 N，每一个员工 $i \in N$ 的行动集为 $S_k = \{s_1, s_2, \cdots, s^*, \cdots, s_k\}$，混合策略 x 可定义为：

$$x = \{(x_1, x_2, \cdots, x_k) \mid x_i > 0, \sum_{i=1}^{k} x_i = 1\}$$

用 $u_t(s)$ 表示总体中的员工两两之间随机博弈时，选择纯策略 s 的博弈方的期望收益，则策略 $s \in S$ 是一个进化稳定策略 ESS，当且仅当对任何策略 $s^* \neq s$，使得不等式 $u_t(s) > u_t(s^*)$ 成立。ESS 是纳什均衡的精炼，是一个进化稳定的纳什均衡，一旦一个种群演化进入该策略，则自然选择就足以阻止替代（变异）策略。

$n_t(s^*)$ 表示总体中某时刻 t 选择纯策略 s^* 的员工数目，$p_t(s^*)$ 为其在总体中所占比例。总体中所有员工在 t 时刻的平均收益为 $\overline{u_t}$，$n'_t(s^*)$ 表示在 t 时刻选择纯策略 s^* 的人数变化速率，与该时刻已经选择此策略的员工数量和该策略的收益成正比。

上述各变量之间的关系如下：

$$N = \sum_{i=1}^{n} n_t(s_i) \tag{4-34}$$

$$p_t(s^*) = \frac{n_t(s^*)}{N_t} \tag{4-35}$$

$$u_t(s^*) = \sum_{i=1}^{n} p_t(s_i) u_t(s^*, s_i) \tag{4-36}$$

$$\overline{u_t} = \sum_{i=1}^{n} p_t(s_i) u_t(s_i) \tag{4-37}$$

每个策略被模仿随时间变化的速率与该策略的收益 $u_t(s^*)$ 和目前选择该策略的员工数成正比，因此：

$$n'_t(s^*) = \frac{\mathrm{d}n_t(s^*)}{\mathrm{d}t} = n_t(s^*) u_t(s^*) \tag{4-38}$$

总体变化的速率为：

$$N'_t = \frac{\mathrm{d}N_t}{\mathrm{d}t} = N_t \times \overline{u_t} \tag{4-39}$$

对式（4-35）应用商的求导法则后分别代入式（4-38）和式（4-39）后得：

$$p'_t(s^*) = \frac{\mathrm{d}p_t(s^*)}{\mathrm{d}t} = p_t(s^*)\left[u_t(s^*) - \overline{u_t}\right] \tag{4-40}$$

此动态微分方程就是模仿者动态方程，表明当前选择策略 s^* 的员工数的变化速率与当前该策略所占总体的比例成正比，与该策略相对于平均收益的差值成正比，收益更高的策略增长率也越高，这体现了演化博弈的关键性质。

策略的稳定状态就是该策略不随时间发生变化，故令式（4 - 40）等于零即可求得稳定状态的条件。

4.4.2　复杂产品系统知识共享的演化模型

假定在 t 时的复杂产品系统企业中，员工 i 和员工 j 选择知识共享 s_1 策略的概率分别为 p_t 和 q_t，其中 $1 > p_t > 0$，$1 > q_t > 0$。

根据收益矩阵表 4 - 1 可以计算 t 时刻员工 i 不同策略下的期望收益，当员工 i 在选择"共享" s_1 和"不共享" s_2 策略时期望收益分别为：

$$\Pi_{i,t}(s_1) = q_t[K_i + \alpha_i k_j + \beta_i K_i k_j + \gamma(E, Q) k_i^m k_j^n - \zeta k_i / K_i - c_i k_i + \eta \lambda k_i]$$
$$+ (1 - q_t)(K_i - c_i k_i - \zeta k_i / K_i + \eta \lambda k_i)$$
$$= q_t[\alpha_i k_j + \beta_i K_i k_j + \gamma(E, Q) k_i^m k_j^n - \zeta k_i / K_i]$$
$$+ (K_i - c_i k_i - \zeta k_i / K_i + \eta \lambda k_i) \tag{4 - 41}$$

$$\Pi_{i,t}(s_2) = q_t(K_i + \alpha_i k_j + \beta_i K_i k_j - \eta \varphi) + [1 - q_t](K_i - \eta \varphi)$$
$$= q_t(\alpha_i k_j + \beta_i K_i k_j) + (K_i - \eta \varphi) \tag{4 - 42}$$

员工 i 的期望收益为：

$$\overline{\Pi}_{it} = p_t \Pi_{i,t}(s_1) + (1 - p_t) \Pi_{i,t}(s_2)$$
$$= p_t\{q_t[\alpha_i k_j + \beta_i K_i k_j + \gamma(E, Q) k_i^m k_j^n - \zeta k_i / K_i$$
$$- c_i k_i + \eta \lambda k_i]\} - (1 - p_t)\eta \varphi + K_i \tag{4 - 43}$$

同理，员工 j 的期望收益为：

$$\overline{\Pi}_{jt} = q_t \Pi_{j,t}(s_1) + (1 - q_t) \Pi_{j,t}(s_2)$$
$$= q_t\{p_t[\alpha_j k_i + \beta_j K_j k_i + \gamma(E, Q) k_i^m k_j^n - \zeta k_i / K_i$$

$$-c_j k_j + \eta \lambda k_j] \} - (1 - q_t) \eta \varphi + K_j \qquad (4-44)$$

根据式（4-40）即可求得 t 时员工 i 的复杂知识共享模仿动态方程：

$$f(p) = \frac{\mathrm{d}p}{\mathrm{d}t} = p_t [\Pi_{i,t}(s_1) - \overline{\Pi_t}]$$

$$= p_t (1 - p_t) [q_t \gamma(E, Q) k_i^m k_j^n + \eta(\lambda k_i + \varphi) - c_i k_i - \zeta k_i / K_i]$$

$$(4-45)$$

同理，员工 j 的复杂知识共享模仿动态方程为：

$$f(q) = \frac{\mathrm{d}q}{\mathrm{d}t} = q_t [\Pi_{j,t}(s_1) - \overline{\Pi_t}]$$

$$= q_t (1 - q_t) [p_t \gamma(E, Q) k_i^m k_j^n + \eta(\lambda k_j + \varphi) - c_j k_j - \zeta k_j / K_j]$$

$$(4-46)$$

求出复杂产品系统知识共享模仿动态方程的稳定点即可得到知识共享演化的稳定策略，为此令 $f(p^*) = f(q^*) = 0$ 可得 5 个 (p^*, q^*) 均衡解，即 O$(0, 0)$，A$(0, 1)$，B$(1, 0)$，C$(1, 1)$，内部均衡点为：

$$D\{ (c_j k_j + \zeta k_j / K_j) / [\gamma(E, Q) k_i^m k_j^n + \eta(\lambda k_j + \varphi)],$$

$$(c_i k_i + \zeta k_i / K_i) / [\gamma(E, Q) k_i^m k_j^n + \eta(\lambda k_i + \varphi)] \}$$

为了利用雅克比（Jacobi）矩阵研究复杂产品企业内知识共享策略演化的稳定性，对式（4-45）和式（4-46）中的函数 $f(p)$ 和 $f(q)$ 分别将 p 和 q 作为自变量求偏导，可得雅克比矩阵 J：

$$J = \begin{bmatrix} (1 - 2p_t)[q_t \gamma(E, Q) k_i^m k_j^n + \\ \eta(\lambda k_i + \varphi) - c_i k_i - \zeta k_i / K_i] & p_t (1 - p_t) \gamma_i k_i^m k_j^n \\ \\ q_t (1 - q_t) \gamma_j k_i^m k_j^n & (1 - 2q_t)[p_t \gamma(E, Q) k_i^m k_j^n + \\ & \eta(\lambda k_j + \varphi) - c_j k_j - \zeta k_j / K_j] \end{bmatrix}$$

$$(4-47)$$

当均衡解使得雅可比矩阵的行列式大于零并且雅克比矩阵的迹小于零时，该均衡解就可以成为演化稳定策略。

4.4.3　复杂产品系统知识共享的演化过程

（1）双方的复杂知识共享收益均大于共享成本时，有：

$$0 < p^* = (c_j k_j + \zeta k_j/K_j)/[\gamma(E, Q) k_j^m k_j^n + \eta(\lambda k_j + \varphi)] < 1$$

$$0 < q^* = (c_i k_i + \zeta k_i/K_i)/[\gamma(E, Q) k_i^m k_j^n + \eta(\lambda k_i + \varphi)] < 1$$

此时复杂产品系统知识共享策略模仿动态方程有上述 5 个均衡解，应用雅克比矩阵在均衡解时的行列式和迹的正负号可以判断这 5 个均衡解的稳定性，计算结果见表 4 - 2。

表 4 - 2　　当 $0 < p^*$，$q^* < 1$ 时知识共享演化博弈局部稳定性分析

均衡点	行列式符号	迹的符号	局部稳定性
O(0, 0)	+	−	ESS 稳定
A(0, 1)	+	+	不稳定
B(1, 0)	+	+	不稳定
C(1, 1)	+	−	ESS 稳定
$D\{(c_j k_j + \zeta k_j/K_j)/[\gamma(E, Q) k_i^m k_j^n + \eta(\lambda k_j + \varphi)]$, $(c_i k_i + \zeta k_i/K_i)/[\gamma(E, Q) k_i^m k_j^n + \eta(\lambda k_i + \varphi)]\}$	−	0	鞍点

由表 4 - 2 可知，在 5 个均衡解中只有点 O(0, 0) 和 C(1, 1) 实现了演化稳定策略（ESS），A(0, 1) 和 B(1, 0) 为不稳定点，鞍点为：

$$D\{(c_j k_j + \zeta k_j/K_j)/[\gamma(E, Q) k_i^m k_j^n + \eta(\lambda k_j + \varphi)],$$

$$(c_i k_i + \zeta k_i / K_i) / [\gamma(E, Q) k_i^m k_j^n + \eta(\lambda k_i + \varphi)] \}$$

演化状态相位图如图 4 - 1 所示。

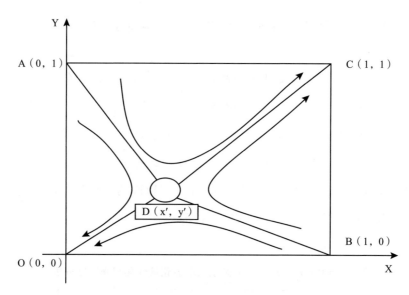

图 4 - 1 当 $0 < p^*$，$q^* < 1$ 时动态相位图

由图 4 - 1 可知，复杂产品系统企业内知识共享策略演化不同状态的临界点为点 D，不稳定点为 A 和 B，由这三个点构成的折线 ADB 为临界线。当复杂产品系统企业内员工的知识共享策略状态在临界线左下方时，所有员工的知识共享策略将演化收敛于 O 点，即所有员工都将选择知识不共享策略。而当复杂产品系统企业内员工的知识共享策略状态在临界线右上方时，所有员工的知识共享策略将演化收敛于 C 点，即所有员工都将选择知识共享策略。

鞍点 $D\{(c_j k_j + \zeta k_j / K_j) / [\gamma(E, Q) k_i^m k_j^n + \eta(\lambda k_j + \varphi)], (c_i k_i + \zeta k_i / K_i) / [\gamma(E, Q) k_i^m k_j^n + \eta(\lambda k_i + \varphi)] \}$ 的位置决定了复杂产品系统

中员工选择知识共享策略的概率，从其坐标可以看出，知识协同创造作用越大，鞍点越向右上方移动，从而员工越有可能选择知识共享策略。而复杂产品系统涉及的复杂知识由众多知识领域组成，这些组成领域彼此间高度依赖，企业如果按照知识依赖关系引导员工建立社会联结，提高员工之间的知识依赖程度，将可以有效促进员工彼此选择知识共享策略。

（2）双方的复杂知识共享收益均小于共享成本，有：

$$p^* = (c_j k_j + \zeta k_j / K_j) / [\gamma(E, Q) k_i^m k_j^n + \eta(\lambda k_j + \varphi)] > 1$$

$$q^* = (c_i k_i + \zeta k_i / K_i) / [\gamma(E, Q) k_i^m k_j^n + \eta(\lambda k_i + \varphi)] > 1$$

此时复杂知识共享演化仅有 4 个均衡点，即 O(0, 0)、A(0, 1)、B(1, 0)、C(1, 1)，其局部稳定性分析见表 4 - 3。

表 4 - 3　　　当 $p^* > 1$，$q^* > 1$ 时演化系统局部稳定性分析

均衡点	行列式符号	迹的符号	局部稳定性
O(0, 0)	+	−	ESS 稳定
A(0, 1)	−	不确定	鞍点
B(1, 0)	−	不确定	鞍点
C(1, 1)	+	+	ESS 不稳定

从表 4 - 3 可以看出，4 个均衡点中只有点 O(0, 0) 实现演化稳定策略（ESS），而点 C(1, 1) 为不稳定点，点 A(0, 1) 和 B(1, 0) 为鞍点。知识共享演化相位图如图 4 - 2 所示。可以看出不论复杂产品系统企业内员工的知识共享策略状态如何，所有员工的知识共享策略都将演化收敛于 O 点，即所有员工都将选择知识不共享策略。

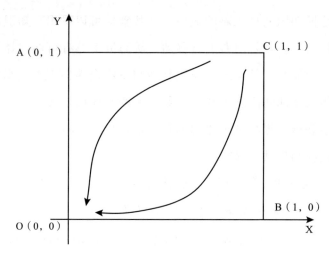

图 4 - 2   当 $P^* > 1$, $q^* > 1$ 时的动态相位

（3）员工 1 的共享收益大于其共享成本，而员工 2 的共享收益小于其共享成本，即：

$$0 < p^* = (c_j k_j + \zeta k_j / K_j) / [\gamma(E, Q) k_i^m k_j^n + \eta(\lambda k_j + \varphi)] < 1,$$

$$q^* = (c_i k_i + \zeta k_i / K_i) / [\gamma(E, Q) k_i^m k_j^n + \eta(\lambda k_i + \varphi)] > 1$$

此时演化系统仅有 4 个均衡解，即 O(0, 0)、A(0, 1)、B(1, 0)、C(1, 1)，其局部稳定性分析见表 4 - 4。在 4 个均衡点中，只有点 O(0, 0) 实现演化稳定策略（ESS），而点 B(1, 0) 为不稳定点，点 A(0, 1) 和 C(1, 1) 是鞍点。

表 4 - 4   当 $0 < p^* < 1$, $q^* > 1$ 时演化系统局部稳定性分析

均衡点	行列式符号	迹的符号	局部稳定性
O(0, 0)	+	–	ESS 稳定
A(0, 1)	–	不确定	鞍点
B(1, 0)	+	+	ESS 不稳定
C(1, 1)	–	不确定	鞍点

知识共享演化相位图如图 4 - 3 所示。

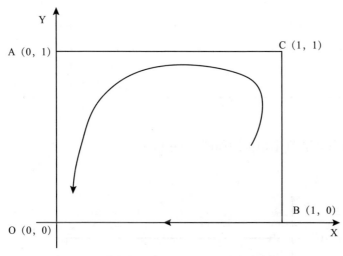

图 4 - 3 当 0 $< p^* <$ 1，$q^* >$ 1 时的动态相位

（4）员工 1 的协同收益小于其共享成本，而员工 2 的协同收益大于其共享成本，即：

$$p^* = (c_j k_j + \zeta k_j / K_j) / [\gamma(E, Q) k_i^m k_j^n + \eta(\lambda k_j + \varphi)] > 1$$

$$0 < q^* = (c_i k_i + \zeta k_i / K_i) / [\gamma(E, Q) k_i^m k_j^n + \eta(\lambda k_i + \varphi)] < 1$$

此时演化系统也只有 4 个均衡点，即 O(0, 0)、A(0, 1)、B(1, 0)、C(1, 1)，其局部稳定性分析见表 4 - 5。

从表 4 - 5 可以看出，与第三种情况类似，4 个均衡点中也只有点 O(0, 0) 可以成为演化稳定策略（ESS），而点 A(0, 1) 是不稳定点，点 B(1, 0) 和 C(1, 1) 是鞍点。

表4－5　　当$p^* > 1$，$0 < q^* < 1$时演化系统局部稳定性分析

均衡点	行列式符号	迹的符号	局部稳定性
O(0, 0)	+	－	ESS 稳定
A(0, 1)	－	+	ESS 不稳定
B(1, 0)	不确定		鞍点
C(1, 1)	－	不确定	鞍点

知识共享演化相位图如图4－4所示。

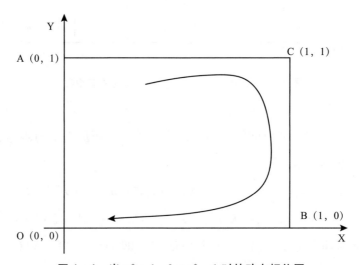

图4－4　当$p^* > 1$，$0 < q^* < 1$时的动态相位图

综合以上四种情况可以看出，在复杂产品系统企业中只要一方的知识共享收益小于其知识共享成本，双方最终的演化结果都是均选择不知识共享。只有双方知识共享的收益均大于其共享成本时，知识共享演化才可以出现均选择共享和均选择不共享两种状态，而

最终的演化结果与临界点 D 的位置有关，而临界点 D 的位置与知识共享的直接与间接成本、知识协同创造效应和正负向激励措施有关。

4.5　互惠机制下复杂产品系统知识共享博弈演化

知识共享的发生不仅仅是由博弈中的直接收益所决定，还因为人们之间存在各种间接的互惠关系。这些互惠关系会进一步促进知识共享行为的发生，改变直接收益结构决定下的演化稳定状态。本节从直接互惠、间接互惠和关系互惠角度分析互惠机制对复杂产品系统知识共享演化稳定状态的影响。为了独立分析互惠机制的作用，本节的收益结构不再考虑其他参数的影响。

4.5.1　演化动态分析

复杂产品系统知识共享博弈中的共享策略用向量表示为：$\mathbf{e}_1 = (1 \quad 0)^T$，不共享策略用 $\mathbf{e}_2 = (0 \quad 1)^T$ 表示。由于员工收益结构的对称性，员工的收益可以用收益矩阵表示为：

$$\begin{bmatrix} R & S \\ T & P \end{bmatrix} \equiv \mathbf{M}$$

定义员工中采用知识共享策略的比例为 s_1，采用不共享策略的比例为 s_2，则所有员工的共享状态可表示为 $\mathbf{s} = (s_1 \quad s_2)$，同时有

$s_2 = 1 - s_1$。

采用策略 i 的模仿动态方程为：

$$\frac{\dot{s_i}}{s_i} = \mathbf{e}_i^T \cdot \mathbf{M} \cdot \mathbf{s} - \mathbf{s}^T \cdot \mathbf{M} \cdot \mathbf{s}$$

将 $\mathbf{e}_1$ 等公式代入后得：

$$\begin{cases} \dot{s_1} \equiv f_1(s_1, s_2) = [(R-T) \cdot s_1 - (P-S) \cdot s_2] \cdot s_1 \cdot s_2 \\ \dot{s_2} \equiv f_2(s_1, s_2) = -[(R-T) \cdot s_1 - (P-S) \cdot s_2] \cdot s_1 \cdot s_2 \end{cases} \quad (4-48)$$

令式（4-48）等于 0 得三个均衡点分别为：

$$(s_1 \quad s_2) = (1 \quad 0) \equiv s_{共享}^* \quad\quad\quad (4-49)$$

$$(s_1 \quad s_2) = (0 \quad 1) \equiv s_{不共享}^* \quad\quad\quad (4-50)$$

$$(s_1 \quad s_2) = \left(\frac{P-S}{P-T-S+R} \quad \frac{R-T}{P-T-S+R} \right) = \left(\frac{D_r}{D_g - D_r} \quad \frac{-D_g}{D_g - D_r} \right) \equiv s_{并存}^*$$

$$(4-51)$$

式（4-49）表示在均衡状态下所有员工都采用知识共享策略，式（4-50）表示在均衡状态下所有员工都采用知识不共享策略，式（4-51）表示在均衡状态下所有员工中采用共享策略的比例为 $\frac{P-S}{P-T-S+R}$，采用不共享策略的比例为 $\frac{R-T}{P-T-S+R}$，此种状态下并不意味着员工一定会固定采用某种策略，而是采用各种策略的比例进入了一种均衡状态。

为了进一步计算每种均衡状态的稳定条件，对式（4-48）求偏导得：

$$\begin{cases} \dfrac{\partial f_1}{\partial s_1} = -\dfrac{\partial f_2}{\partial s_1} = 3(-R+S+T-P)s_1^2 + 2(R-2S-T+2P)s_1 + S-P \\ \dfrac{\partial f_1}{\partial s_2} = -\dfrac{\partial f_2}{\partial s_2} = -3(-R+S+T-P)s_1^2 - 2(R-2S-T+2P)s_1 - S+P \end{cases}$$

因此雅克比矩阵为：

$$\mathbf{J} = \begin{bmatrix} \dfrac{\partial f_1}{\partial s_1} & \dfrac{\partial f_1}{\partial s_2} \\ \dfrac{\partial f_2}{\partial s_1} & \dfrac{\partial f_2}{\partial s_2} \end{bmatrix} = \begin{bmatrix} \dfrac{\partial f_1}{\partial s_1} & \dfrac{\partial f_1}{\partial s_2} \\ -\dfrac{\partial f_1}{\partial s_1} & -\dfrac{\partial f_1}{\partial s_2} \end{bmatrix}$$

雅克比矩阵的特征值为 0 和 $\dfrac{\partial f_1}{\partial s_1} - \dfrac{\partial f_1}{\partial s_2}$。由于 0 没有符号，因此均衡状态的稳定性取决于 $\dfrac{\partial f_1}{\partial s_1} - \dfrac{\partial f_1}{\partial s_2}$ 的符号，进一步求出其值为：

$$\lambda = \frac{\partial f_1}{\partial s_1} - \frac{\partial f_1}{\partial s_2} = 6(-R + S + T - P)s_1^2 + 4(R - 2S - T + 2P)s_1 + 2(S - P)$$

$$(4 - 52)$$

由 λ 的值可确定均衡状态的稳定性。

将 $(s_1 \quad s_2) = (1 \quad 0)$ 代入式 （4 - 52） 得 $\lambda = T - R$，由 $\lambda < 0$ 得知识共享成为稳定的均衡状态的条件是：

$$\lambda = T - R < 0 \qquad\qquad (4 - 53)$$

将 $(s_1 \quad s_2) = (0 \quad 1)$ 代入式 （4 - 52） 得 $\lambda = 2(S - P)$，由 $\lambda < 0$ 得不进行知识共享成为稳定的均衡状态的条件是：

$$\lambda = P - S > 0 \qquad\qquad (4 - 54)$$

将 $(s_1 \quad s_2) = \left(\dfrac{P - S}{P - T - S + R} \quad \dfrac{R - T}{P - T - S + R} \right)$ 代入式 （4 - 52）

得 $\lambda = 2\dfrac{(R - T)(P - S)}{R - S - T + P}$，由 $\lambda < 0$ 得知识共享和知识不共享并存成为稳定的均衡状态的条件是：

$$P < S \land R < T \Leftrightarrow P - S = D_r < 0 \land T - R = D_g > 0 \qquad (4 - 55)$$

根据这些条件可得四种复杂产品知识共享收益结构的稳定状态（见表 4 - 6）。

表 4 – 6   复杂产品知识共享不同收益结构的均衡状态

收益结构分类	D_g 符号	D_r 符号	均衡状态		
			共享	不共享	并存 $s_{并存}^*$
第一种情况	+	+	源点	汇点	鞍点
第二种情况	+	–	源点	源点	汇点
第三种情况	–	–	汇点	源点	鞍点
第四种情况	–	+	汇点	汇点	源点

在第一种情况中，不进行知识分享成为汇点，知识分享成为源点，无论初始知识共享员工所占的比例多少，随着时间推移最终状态是全部不共享。

在第二种情况中，知识共享和不进行知识共享都为源点，而 $s_{并存}^*$ 成为汇点，因此无论初始知识共享员工所占的比例多少，随着时间推移共享策略的比例和不共享策略的比例趋向于 $s_{并存}^*$。

在第三种情况中，进行知识共享是汇点，而不进行知识共享是源点。因此无论初始知识共享员工所占的比例多少，随着时间推移全部员工将采取知识共享策略。

在第四种情况中，$s_{并存}^*$ 是源点，而知识共享和不进行知识共享都为汇点，因此如果初始共享策略所占比例小于 $s_{并存}^*$，则最终状态为全部不共享。相反如果初始共享策略所占比例大于 $s_{并存}^*$，则最终状态为全部共享。

以上四种情况下复杂产品系统知识共享的演化结果见图 4 – 5。

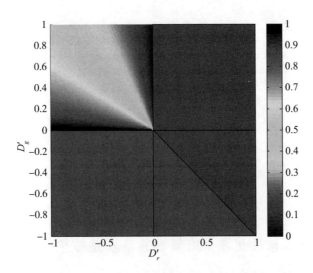

图 4 - 5　四种情况下复杂产品系统知识共享的演化结果

4.5.2　直接互惠下的知识共享收益结构

直接互惠是知识共享演化的基本机制，在复杂产品系统企业中双方在博弈中都选择知识共享时则发生直接互惠，否则通过"针锋相对"或者"以牙还牙"策略，实现对背叛行为的惩罚促成合作。在由两个员工组成的重复博弈中，直接互惠可以促进他们之间的知识共享。

假设每次博弈后下次继续博弈的概率为 w，则两个员工平均博弈的次数为 $1/(1-w)$。在每次博弈中，两个员工分别选择是否共享。每次选择知识共享策略的依据是"针锋相对"策略：如果双方一开始都选择知识共享，由于双方都有较高收益，因此在后续博弈中双方都继续知识共享；如果第一次博弈中一方选择共享而另一方不共享，则后续博弈中双方都不共享；如果第一次博弈中双方都没有选择知识共享，则后续博弈中都一直选择不共享。将所有博弈的收益相加后直接互惠的情境下复杂产品系统知识共享的收益矩阵为：

$$
\begin{array}{cc}
\quad\text{共享} & \text{不共享}
\end{array}
$$

$$
\begin{array}{c}
\text{共享} \\
\text{不共享}
\end{array}
\begin{pmatrix}
\dfrac{R}{1-w} & S+\dfrac{wP}{1-w} \\[3mm]
T+\dfrac{wP}{1-w} & \dfrac{P}{1-w}
\end{pmatrix}
$$

4.5.3　间接互惠下的知识共享收益结构

间接互惠是建立在声誉基础上的，不同于直接互惠，员工决定是否知识共享取决于对方以往参与复杂产品系统知识共享的声誉。复杂产品系统企业中存在三类员工：具有知识共享声誉的员工；总是不参与知识共享的员工；声誉不清楚的员工，这时假定此类员工不参与知识共享的概率以参数 q 表示。在间接互惠模型中，员工总是会和具有知识共享声誉的员工互相共享，但只以概率 $1-q$ 和声誉不清楚的员工进行知识共享。因此间接互惠情境下复杂产品系统知识共享的收益矩阵为：

$$
\begin{array}{cc}
\quad\text{共享} & \text{不共享}
\end{array}
$$

$$
\begin{array}{c}
\text{共享} \\
\text{不共享}
\end{array}
\begin{pmatrix}
R & (1-q)S+qP \\
(1-q)T+qP & P
\end{pmatrix}
$$

4.5.4　关系互惠下的知识共享收益结构

社会中关系是促进资源信息流动的重要因素，也是复杂产品系统企业中能够促进员工知识共享的重要条件之一。假定员工中的互惠强度为 r（$0 < r < 1$），关系互惠越强，其中一方越愿意向对方单方向进行知识共享，并且这时一方受益中的 r 部分可以加入另一方的收益中。为了保持双方收益的总和不变，将双方的收益各除以 $1 + r$，因此关系互惠情景下复杂产品系统知识共享的收益矩阵为：

$$\begin{array}{cc} & \begin{array}{cc} \text{共享} & \text{不共享} \end{array} \\ \begin{array}{c} \text{共享} \\ \text{不共享} \end{array} & \begin{pmatrix} R & \dfrac{S + rT}{1 + r} \\ \dfrac{T + rS}{1 + r} & P \end{pmatrix} \end{array}$$

4.5.5　互惠机制下复杂产品系统知识共享演化分析

根据三种互惠机制下复杂产品系统知识共享博弈的收益结构，分别代入式（4 - 51）、式（4 - 53）、式（4 - 54）、式（4 - 55）可得每种互惠机制下演化稳定状态的条件和结果（见表 4 - 7）。

表 4 - 7　　互惠机制下复杂产品系统知识共享演化结果

互惠机制	均衡状态		
	共享	不共享	并存
直接互惠	$\dfrac{w}{1-w} > \dfrac{T-R}{R-P}$	$\dfrac{P-S}{R-P} > 0$	$z = \dfrac{(1-w)D_r'}{(1-w)(D_r'-D_g')+(1-w)}$
间接互惠	$\dfrac{q}{1-q} > \dfrac{T-R}{R-P}$	$\dfrac{P-S}{R-P} > 0$	$z = \dfrac{(1-q)D_r'}{(1-q)(D_r'-D_g')+(1-q)}$
关系互惠	$r\left(1+\dfrac{P-S}{R-P}\right) > \dfrac{T-R}{R-P}$	$r\left(1+\dfrac{T-R}{R-P}\right) < \dfrac{P-S}{R-P}$	$z = \dfrac{-r(D_g'+1)+D_r'}{(1+r)(D_r'-D_g')}$

比较表 4 – 6 和表 4 – 7 中知识共享与不共享的均衡条件可以看出，在互惠机制下的均衡条件除了与知识投机冲动和知识风险规避冲动有关外，还与双方是否知识共享的收益差额 $R - P$ 有关，因此定义互惠机制下复杂产品系统知识共享的知识投机冲动与知识风险规避冲动分别为：

$$D_g' = \frac{D_g}{R - P}; \; D_r' = \frac{D_r}{R - P} \qquad (4 - 56)$$

为简化公式，在表 4 – 7 中的并存均衡状态比例公式中采用了互惠机制下复杂产品系统知识共享的知识投机冲动与知识风险规避冲动公式。

图 4 – 6 分别表示三种互惠机制下在 $R = 1$，$P = 0$，$w = 0.1$，$q = 0.1$ 和 $r = 0.1$ 时复杂产品系统知识共享演化博弈的博弈结果，其中图 4 – 6（a）和（b）中黑色水平虚线与纵轴的交点表示均衡状态的分界点。可以看出在直接和间接互惠机制下，分界点上移，表示直接互惠和间接互惠降低了知识投机冲动，促进了知识共享。在图 4 – 6（c）中表示

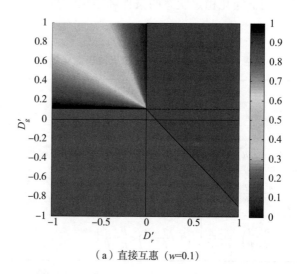

（a）直接互惠（$w=0.1$）

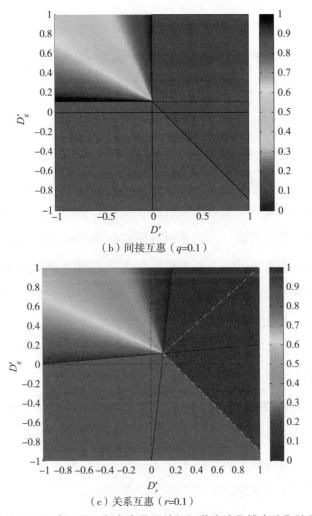

（b）间接互惠（q=0.1）

（c）关系互惠（r=0.1）

图 4 - 6　互惠机制下复杂产品系统知识共享演化博弈均衡结果

的关系互惠下，均衡状态的分界点沿着第一象限的 45 度线向第一象限的坐上角移动，表示既降低了知识投机冲动，也降低了知识风险规避冲动，从而促进了复杂产品系统知识的共享。

4.6 复杂产品系统知识共享持续和稳定的条件

通过一系列的复杂产品系统知识共享博弈模型分析，先后引入的变量包括静态博弈中的员工自有知识存量、知识共享效果系数、知识的独立创造效、复杂产品系数、知识共享成本系数、共享知识的价值系数、正向和负向激励机制、知识共享行的组织透明度，重复博弈中的折现系数、员工之间的网络距离、社会联结强度、知识管理系统完善水平。其中复杂产品企业员工间的知识协同创造效应是促进复杂知识共享的关键因素，也是复杂产品系统企业知识共享管理的特色和优势。

基于以上研究，复杂产品系统企业还应在保障知识共享发生的基本条件方面采取以下措施：

（1）分析复杂产品系统知识元素之间的依赖关系，并根据依赖关系建立员工社会网络。员工要与复杂产品系统知识元素建立合理对应关系，通过员工的知识元素之间的相互依赖可以创造一个强大的激励员工知识共享以实现共同目标的动力。

（2）建立符合复杂产品系统知识特点的知识管理系统，降低员工知识共享的成本，并且可以帮助员工通过知识管理系统建立具有知识依赖关系的社会联结，促进知识共享。提供社会网络服务，建立基于工作流和本体知识库的知识共享以及复杂产品系统知识个性化推荐功能都可以降低知识的共享成本。

（3）建立明确的正向激励和负向激励制度，并且提高知识共享行为的组织透明度。激励的力度既要考虑知识共享的直接成本，也要考虑知识的间接成本。提高知识共享的组织透明度可以通过知识管理系统中的积分制、评价制等方法达到目的。

（4）招聘高知识存量的员工是知识共享的基础，在此基础上增加员工专业知识持续学习和交流的机会，这一方面提高了员工的知识发送与吸收能力，另一方面可以降低知识共享导致的间接成本，大幅降低甚至消除因为知识共享对自身职业造成损失的程度。

（5）提高社会联结的强度，减少员工之间的网络距离，从而有利于员工发现知识共享的机会。

（6）提高员工职业预期的稳定性，培育直接互惠、间接互惠和关系互惠稳定发展的环境，减少未来知识共享互惠的不确定性。

4.7 本 章 总 结

本章在借鉴已有相关研究的基础上，综合考虑复杂产品系统知识共享的特点，建立知识共享效用函数，在静态博弈、动态重复博弈及演化博弈几个层面上分析复杂产品系统知识共享的条件，对复杂产品系统内部知识共享的稳定性和持续性进行研究。

基于复杂产品系统的特点，在分析复杂产品系统特殊收益结构的基础上，在静态博弈、动态重复博弈及演化博弈几个层面上分析了复杂产品系统个人间知识共享的条件，对复杂产品系统内部个人间持续稳定的知识共享条件进行了研究。根据知识投机冲动和知识风险规避冲动分析的静态博弈结果表明复杂产品系统越复杂，从而产生的知识协同创造效应越大、知识共享产生的成本越小、员工的知识水平越高，知识的价值系数越小，员工双方都选择进行知识共享行为的可能性越大。同时，知识共享行为的组织透明度越高，奖惩措施越完善，员工选择知识共享的倾向越大。动态重复博弈研究进一步表明员工的社会网络距离越小，联结强度越高，知识管理系统越完善，越有利于促进知识共享的持续进行。将复杂产品系统知识共享效用函数纳入演化博弈分析后具体讨论了各模型参数变化对演化结果的影响，并在纳入直接互惠、间接互惠和关系互惠后分析了互惠机制对这些最终均衡状态的影响。

第 5 章

复杂产品系统个人间知识
共享影响因素

5.1 引　　言

复杂产品系统个人间知识共享影响因素是企业知识共享管理可以影响和调控的措施和手段，这些措施和手段包括可以影响基于"理性人"假设的知识共享博弈收益，也包括员工作为"复杂人"而影响其知识共享行为的其他各种因素。社会技术系统观认为，组织是由使用技术生产产品或服务的人组成，社会和技术因素的共同作用才能产生有效的组织活动，寻求组织内社会和技术子系统的联合优化和并行设计。知识共享行为的发生首先是由于员工个人的内在特征所引发，而复杂产品系统企业的管理措施无疑是影响知识共享行为的重要外在因素。同时，由于知识共享是企业很难直接控制的发生在员工之间的行为，员工的最终知识共享行为还要受到员工之间社会关系状况的影响，而知识共享的信息技术支持是否足够便利也将会对知识共享行为产生重要影响。因此本章从个人、社会关系、组织和技术维度，综合运用相关理论研究复杂产品系统企业中基于知识管理系统的知识共享行为，并对知识共享与复杂产品系统的创新绩效和安全运行的作用关系进行研究，提出理论模型，进行数据收集和分析，采用基于偏最小二乘法结构方程模型对所提出的模型进行实证检验，其意义包括两个方面。

首先，社会技术方法强调在任何信息系统开发中必须同时考虑用户、组织、社会关系和技术因素[149,150]。信息系统的成功不仅仅是技术的原因，信息技术降低了知识共享的成本，但知识共享管理的成功还取决于人的行为和组织维度的变量。知识管理系统中由于知识与个人难以分离的特性更复杂、更容易受个人和社会关系等多种因素影响，因此对于知识管理系统中用户的知识共享行为更加需要同时从多个维度基于多元理论视角进行研究。但是已有研究往往只是从一个维度进行研究，这样研究的结果难免偏颇和具有局限性。采用多元理论视角进行研究并确定个人、组织、社会关系和技术维度对最终知识共享行为的综合效应大小，可以避免盲人摸象，在全面理解决定知识共享的影响因素的基础上发现重点影响因素并为管理实践提供指导。

其次，已有的关于社会资本对知识共享的作用研究都是基于传统形式的社会资本。随着在线社会网络的广泛应用，基于 IT 技术的社会联系已经非常普遍并形成新的社会资本，而关于这种新型的社会资本对基于知识管理系统的知识共享的作用还少有研究。

5.2　复杂产品系统知识共享研究
　　变量选取与假设提出

已有的知识共享相关研究所采用的因变量有知识共享的数量、知识共享的质量、分享知识的有用性、知识管理系统使用、知识共享的意愿等，本书采用马和阿加瓦尔（Ma and Agarwal）在关于信息技术特征对知识共享作用的研究中所采用的知识共享作为因变量[151]，是一个自我报告的、表示通过知识管理系统共享的知识数量和质量的变量。

组织中的知识共享包括实践社区中的知识共享、组织会议上的正式分享以及基于知识管理系统的知识共享等形式，不同形式中的知识共享的影响因素及作用会有所不同。为了研究的严谨性，同时鉴于知识管理系统在复杂产品系统生产企业的广泛应用，本书界定为组织内基于知识管理系统的知识共享。

本书的理论模型见图 5 - 1。

5.2.1　个人维度因素——自我效能与个人声誉

在个人维度，个人只有首先具有社会认知理论中的自我效能才有可能发生知识共享行为，而建立声誉则是个人进行知识共享的一个重要目的。

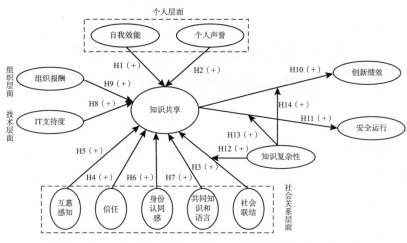

图 5 - 1　基于知识管理系统的复杂产品系统知识共享模型

自我效能是社会认知理论的核心概念，指个人对于执行特定任务取得预定目标的信念。他关注的不是人的技能水平，而是对自己技能水平的判断。自我效能高的人比自我效能低的人更倾向于采取相关行动。班杜拉（Bandura）提出自我效能是指导行为的主要力量[152]，也被应用于知识共享研究以检验自我效能对知识共享的影响。如洛克和吉姆（Rock and Kim）研究发现自我效能是知识共享的一个重要因素[153]。坎坎哈利等把自我效能作为内部激励的一个因素并与其他变量相结合以检验其对知识共享的效果，发现知识共享库中的知识共享与自我效能正相关[74]。陈（Chen）研究发现在虚拟社区环境中自我效能显著影响知识共享行为[154]。

本书背景下的自我效能是指对于自己能够应用各种知识管理系统技术、分享对他人或组织有用的知识水平的主观判断。自我效能高的人更倾向于分享知识。另外，当人们分享知识时，他们通过其他用户在知识管理系统中的反馈也获得了关于所分享的知识相关的能力的信心，这种信心又进一步增加了自我效能，从而有利于持续分享知识。相反，自我效能低的人认为自己的知识对他人或组织没有意义，因此分享知识的可能性将大为降低。因此提出如下假设：

假设 5 - 1（H1）：自我效能与基于知识管理系统的知识共享正相关。

社会交换理论提出个人的社会行为是基于某种社会利益的期望，如认可、地位和尊重。知识贡献者通过知识共享可以向他人显示拥有专业知识，提高自我形象，并可作为专家获得认可，这表明个人进行积极知识共享可以提高自己的声誉。声誉是一项个人可以赖以取得和维持地位的重要资产。瓦斯科和法拉吉（Wasko and Faraj）的研究表明声誉是个人在网络实践社区中进行知识共享的显著影响因素[73]，马和阿加瓦尔等则通过对在线社区中知识贡献行为的研究表明包括信誉在内的深度个人信息（deep profiling）能够影响员工的知识贡献行为[151]。另外苏和林（Hsu and Lin）在研究博客接受的影响因素中发现信誉动机影响知识共享，知识共享与博客接受正相关[155]。基于以上理论和前人的相关研究，提出以下假设：

假设 5 - 2（H2）：个人声誉是促进个人在知识管理系统中进行知识共享的重要因素。

5.2.2　社会维度——个人社会资本

组织是社会的一部分，内部员工的行为也会受到组织中社会环境的影响。社会资本理论具体分析了社会环境的影响因素。那哈皮特和戈沙尔[80]对社会资本的定义是"嵌入在个人或社会单位拥有的关系网络中现有和潜在资源的总和",并认为社会资本包括三个维度，即表示个人之间联结模式的结构维度，表示个人之间由于历史联系形成的关系维度，以及表示参与者之间的共同语言、理解及符号系统的认知维度。在那哈皮特和戈沙尔对社会资本研究的基础上，蔡和戈沙尔实证研究了组织内社会资本促进资源交换和创新的机制[156]，而伊利仁科（Yli-Renko）等研究了新兴技术类企业中社会资本对知识获取、共享和利用的促进作用[157]。英克潘（Inkpen）等则从理论角度深入分析了在企业内网络、联盟网络和开发区企业网络这三种网络中社会资本的各个维度对知识共享的影响[158]。这些研究表明社会资本对促进资源交换和知识共享的重要作用。但是这些研究都是基于组织内面对面交流所形成的网络，而对于组织内基于知识管理系统环境下的知识共享，社会资本究竟怎样影响知识共享是一个重要的研究课题。

另外一些学者专门研究了信息技术促进组织社会资本的发展状况，为研究基于信息技术的社会资本对知识共享的作用提供了理论基础。日本的富士通研究院经济研究中心于2009年8月调查了企业内应用社会网络服务（social network service，SNS）和博客的应用现状，调查样本容量为1362，渡边（Watanabe）等在此次调查基础上证实企业社会网络服务系统可以促进企业内的业务联系并提高企业知识利用效率[159]。韩国的阿扬和克扬什（Ayoung and Kyung-Shik）从个人使用信息技术的角度研究表明虚拟环境下的交流可以显著影响团队内部社会联结的强度和团队外的社会网络范围[160]。美国的谢里夫（Sherif）等通过案例研究表明信息技术的确可以促进组织社会资本各个维度的发展[161]。这些研究说明社会资本也可以在基于计算机网络媒体的社会互动中产生。因此在后续的研究假设和数据分析中采用的社会资本是由信息技术形成的虚拟社会资本。同时依据那哈皮特和戈沙尔所提出的社会资本理论模型，从结构、关系和认知维度展开研究，并且分别采用在结构维度中的社会联结变量，在关系维度中的信任、互惠和身份认同感三个变量，在认知维度中的共同知识和语言变量[80]。

（1）结构资本。

社会联结是联系个人与社会网络中其他员工的渠道，是社会资本的重要属性。那哈皮特和戈沙尔认为"社会资本理论的基本命题是网络连带提供利用资源的便捷"[80]。知识是一种难以获取的资源，而知识管理系统的用户之间的社会联结提供了一种有效获取多种资源的方式。周涛和鲁耀斌实证研究表明社会联结是影响移动社区用户参与的重要影响因素[162]。弗兰克和罗那尔（Frank and Ronel）通过社会网络分析发现社会联结能够比正式项目结构关系更好地预测虚拟项目团队中信息和知识的流动[163]。因此可以推测社会联结将会积极影响知识管理系统中用户的知识共享行为。

假设 5 - 3（H3）：社会联结与基于知识管理系统的知识共享正相关。

（2）关系资本。

关系资本是知识管理系统的用户之间通过相互联系而建立的信任、互惠规范以及认同感。个人层次上的关系资本既有利于个人的行动，也有利于个人所属的群体。

在管理学中信任是对另一方的人格、善意和能力的信念。在本书中集中于对人格的信任，即梅尔（Mayer）等所定义的"信任主体对被信任人是否遵循所接受原则的感知"[164]。梅尔等阐明影响信任建立的因素包括可信赖的第三方对被信任人品格的独立验证、被信任人的道德水平、被信任人所表现出的言行一致。知识管理系统中的信任主要指基于信任主体对知识管理系统所蕴含的价值观念和知识管理系统中用户的品行的认同。如果知识管理系统中的员工对其他员工缺乏信任，如认为其他员工可能不够诚实、员工之间互不认同价值观念，则知识共享将会很难进行。相反，如果员工感知到其他员工的诚信并且认同彼此的价值观念，则员工之间很容易良性互动，知识共享就容易自然发生。那哈皮特和戈沙尔认为当参与者之间存在信任时，他们更愿意彼此合作互动[80]。野中郁次郎指出人际之间的信任对于在组织和团队中创造知识共享的氛围非常重要[6]。因此，基于以上的分析和相关研究，可以认为信任能够促进人际之间的资源交换关系，对促进知识管理系统用户之间的主动知识共享特别重要。

假设5-4（H4）：信任与基于知识管理系统的知识共享正相关。

在本书中，互惠感知定义为知识管理系统用户之间互相进行知识共享，并被分享的参与者认为是公平的程度。互惠就是根据他方的报答行为采取行动，当预期这些报答行为不发生时就停止行动。社会交换理论表明虚拟社区中的参与者期望能够彼此互惠，因此才愿意付出分享知识所需要的时间和精力。已有研究表明网络实践社区中高互惠感知能够显著促进社区的发展[73]。法拉杰通过研究在线社区中的互动模式，发现直接和间接的互惠是在线社区中交流的主要特征[79]。因此提出如下假设：

假设 5 - 5（H5）：互惠感知与基于知识管理系统的知识共享正相关。

身份认同感是指对一个社会群体中的员工所具有的显著共同特征的自我认同[165]。在本书中身份认同感是个人对于知识管理系统用户群的归属感和正向情感。这种归属感和正向情感能够影响组织环境中的忠诚度和公民行为，并可以解释个人与知识管理系统中的用户维护长期关系的意愿。那哈皮特和戈沙尔认为身份认同是个人融入他人和群体的过程，群体内员工都以其他员工的价值观和行为做参考[80]，并且指出身份认同感可以成为影响知识结合和交换的积极因素。相反，组织中员工各自不同甚至矛盾的身份认同将会成为信息分享、学习和知识创造的障碍。知识共享本质上只能是出于自愿的行为，知识管理系统的用户群是一种非正式的组织，其员工之间的身份认同是这种组织存在的关键。知识嵌入在个人头脑之中，只有分享者认可知识接收者的价值观和行为，他才更有可能愿意分享自己的知识。因此提出如下假设：

假设 5 - 6（H6）：身份认同感与知识管理系统中的知识共享正相关。

（3）认知资本。

认知资本代表员工对工作和任务的意义和期望有共同的理解程度。个体心理模型是一种由个体在社会化过程中构建的有组织的知识结构，当员工具有相似的共同知识时就存在共同的心理模型。复杂产品系统任务的共同心理模型使员工能够对任务形成准确的解释和期望，从而能够为适应任务的需求而共享知识。共同知识为员工提供了一个认知地图，提高员工之间知识共享有效性，减少了团队的认知负荷。

共同语言不仅指语言本身，如英语或者普通话、方言，也包括日常交流常用的简称、代号及潜在假设，还可进一步包括使个人更加能够理解当前工作环境和个人工作角色的企业故事[166]，在本书中还包括知识管理系统中的知识分类体系、自定义标签、组织采纳的技术标准和术语等符号系统。那哈皮特和戈沙尔阐明了共同语言影响知识交流的条件[80]。首先，语言是人们讨论问题、交流信息、提出问题的工具，在建立和维护社会关系过程中具有重要功能。人们之间越是具有共同语言，越有助于找到具有所需信息的人选，而语言差异越大，人们之间的距离越大，从而限制了找到所需信息的机会。其次，共同语言影响感知。符号系统有助于人们把感知到的环境信息进行分类，从而提供了观察和解释周围环境的参考框架。因此，语言具有过滤信息的功能，即无意识中过滤掉了没有相应描述词汇的事件细节信息。在知识管理系统中共同语言是用户之间彼此理解和建立专业领域词汇的基本工具，有助于用户提高知识共享的效率和质量。拉色和斯托克（Lesser and Storck）研究发现共同语言有助于实践社区通过知识共享降低新员工学习曲线、更快回应客户需求、防止重复工作与重复发明[166]。罗珉和王雎研究发现共同语言是影响组织间知识交流的重要因素[167]。柯江林和石金涛等用共同语言代表团队社会资本的认知维度，认为共同语言是影响团队资源交换的重要因素[168]。以上理论分析和相关研究表明共同语言在知识管理系统中具有重要作用，因此提出如下假设：

假设 5 - 7（H7）：共同知识和语言与知识管理系统中的知识共享正相关。

5.2.3　技术维度——信息技术支持度

知识管理系统是支持组织进行知识共享的重要技术基础设施，与其他信息系统不同，知识管理系统所管理的知识既包括显性成分，也包括隐性成分，而隐性知识的分享需要参与者之间的互动，因此不仅需要知识库、搜索引擎，还需要虚拟社区系统、专家地图（黄页）、社会网络服务系统、视频会议等各种功能以帮助存储和交流知识，以上这些功能实现的程度称为"信息技术支持度"。各种功能的知识管理系统对于促进知识共享具有重要作用。例如，知识库系统在分享显性知识中起着重要作用。此外，知识管理系统还可以支持复杂的知识共享活动，以加强沟通，鼓励员工分享组织中的隐性知识。他还能够帮助跨团队或部门及其内部非正式的相互联系而促进知识共享，如电子实践社区是专注于一个兴趣话题且具有自愿性质的员工论坛，其内部的互动可以促进知识共享。知识管理系统的客户知识共享功能还可以促进超越组织边界的知识共享。因此提出如下假设：

假设 5 - 8（H8）：信息技术支持度与知识管理系统用户的知识共享行为正相关。

5.2.4　组织制度维度——组织报酬

从外在激励角度来看，个人行为由行动的感知价值和利益驱动。外部动机行为的基本目的是获得组织的奖励或互惠利益。组织奖励可以用于激励个人执行所需的行为。组织奖励的范围可以包括增加工资和奖金等货币奖励以及职务提升和工作稳定等非货币奖励。有些组织在知识共享中就采取了奖励制度鼓励员工共享知识。例如，布克曼（Bookman）实验室通过一个度假胜地的年度会议认可其前100名知识贡献者，IBM的莲花软件开发部门客户支持人员总绩效评价的25%用于评价其知识共享活动程度[169]。虽然已有研究表明外部激励会对内部激励产生挤出效应[170]，但这些研究没有能够区分知识共享的不同情景，通过知识管理系统的知识共享、组织内通过正式活动（如会议）的知识共享、员工之间非正式的知识共享以及实践社区内的知识共享对外部激励会产生不同的效应[169]。因此，可以预计如果员工相信他们可以通过在知识管理系统中提供他们的知识而得到组织的奖励，特别是知识管理系统可以清楚地记录个人的知识共享活动时，他们将对知识共享建立更加积极的态度，并进而采取知识共享行为。因此提出如下的假设：

假设5-9（H9）：组织报酬与通过知识管理系统的知识共享正相关。

5.2.5 复杂产品系统知识共享和复杂产品创新

知识是新产品、服务和流程的主要驱动力。然而使企业能够在动态环境中进行创新的知识创造能力主要来自员工共享和组合知识的集体能力。知识管理系统参与者可以实时分享知识和信息，在整个组织架构内提供和分享个人经验和创新思想，提供更多应用知识创建新产品和/或服务的机会，有助于远距离的用户和合作伙伴实行创新过程。

复杂产品系统知识共享行为是提高复杂产品系统知识应用和知识创造水平的重要前提，复杂产品的创新需要满足直接客户和最终用户很多高度定制化的需求，需要企业的知识资源灵活组合才能够实现顾客不断变化的需求，因此复杂产品企业必须高度依赖知识资源才能保持创新的持续性。为了充分利用企业的知识资源，就需要工作人员之间信息和知识的顺畅交流，不断更新和充实组织的知识库，因此，工作人员的知识共享行为是实现复杂产品创新的关键。复杂产品研发人员之间共享最新技术报告等知识载体，共享研发案例的经验和心得，有助于应对复杂产品系统项目的动态性和异质性技术环境挑战，进而促进创新。有学者通过研究知识共享与创新和企业绩效的关系显示知识共享行为更有助于提高产品的创新速度，隐性知识的共享更有助于提高创新质量[171]。根据以上分析，提出如下假设：

假设 5 - 10（H10）：复杂产品系统知识共享行为对复杂产品系统创新绩效有正向影响。

5.2.6　复杂产品系统知识共享和复杂产品安全运行

复杂产品系统的安全运行往往直接关系到重大生命财产安全，由于复杂产品系统的非线性特性，细小的局部失误也会导致重大事故发生，因此复杂产品系统更需要在系统研发、生产制造和测试等各个阶段全面充分地在员工之间和上下级之间进行无障碍知识共享。复杂产品系统员工之间充分的知识共享可以发现潜在的安全隐患，发现难以直接觉察的间接联系，从而及早采取措施防患于未然。

从知识管理的视角分析，一些重大复杂产品系统的事故往往与知识共享缺乏有关。如美国哥伦比亚号航天飞机事故报告称，美国国家航空航天局很少或没有跨组织的沟通，而且担心航天飞机安全的低层工程师往往没有得到来自高层管理人员的反馈[39]。在评价紧急风险情况时，没有向所有可以咨询的系统和技术专家散发资料。这些了解他们的系统和相关技术的工程师已经看到了着陆时出现问题的可能性，但他们的担忧从未传达给控制哥伦比亚号的任务管理团队的管理人员。

以印度尼西亚狮子航空和埃塞俄比亚航空的波音737 MAX飞机坠毁事件为例，从知识管理角度分析则会发现这些事件的发生与两次知识共享缺失有关：一是发动机设计人员与机身设计人员之间缺乏知识共享，机身设计没有考虑大功率发动机对飞机的影响，飞机容易在大迎角飞行时失速；二是在波音公司增加了额外的机动特性增强系统弥补容易失速的缺陷时，波音公司却没有在飞行员操作手册中提示存在该增强系统，造成了飞行员在遇到紧急情况时无法判断造成故障的原因，最终酿成惨祸。

根据以上分析，提出假设：

假设5-11（H11）：复杂产品系统知识共享对提高复杂产品系统的安全运行具有正向影响。

5.2.7 知识复杂性的调节效应

复杂产品系统的显著特点就是所蕴含的知识具有高度复杂性，

产品系统的整体是由子系统、模块和组件组成的多级模块结构，这些组件、模块、子系统各个层次级别之间存在高度复杂的直接和间接交互作用。这些组件、模块和子系统涉及众多学科领域知识，技术知识密集，系统整体功能的发挥依赖多学科、跨专业的多种门类技术集成。在知识高度复杂的情境下，个人的知识相对于产品系统的整体功能作用将会明显降低，员工知识共享对自己造成的间接机会成本也会减弱，而和自己的知识具有依赖关系的其他员工共享知识所产生的协同知识创造效应将会增强，因此员工之间在社会联结中会更加积极地共享自己的知识，即知识复杂性对于社会联结和知识共享的关系具有正向调节作用。

知识复杂性一方面促进了知识共享行为的发生，另一方面员工在共享复杂知识时，将会增强知识共享对于创新绩效的促进作用。并且，所从事的知识领域越复杂，员工之间知识共享就越有可能发现新的知识。同时，由于复杂产品系统的复杂性超过了单个员工或者部门的能力，因此通过知识共享才可能发现单个员工或部门未能意识到的因果关系所产生的潜在设计制造缺陷。知识越复杂，知识共享对避免事故发生和产品系统的安全运行的作用就更加显著。因此提出关于知识复杂性的以下假设：

假设 5 - 12（H12）：知识复杂性对社会联结和复杂产品系统知识共享之间的关系具有正向促进作用。

假设 5 - 13（H13）：知识复杂性对复杂产品系统知识共享和创新绩效之间的关系具有正向促进作用。

假设 5 - 14（H14）：知识复杂性对复杂产品系统知识共享和安全运行之间的关系具有正向促进作用。

5.3 研 究 设 计

5.3.1 样 本

本书通过调查企业中的知识管理系统用户完成数据收集，调查问卷首先在某在线调查网站完成编辑，并要求所有调查项目填写完整后方可提交，因此回收的试卷中将不存在缺失值问题。然后通过某知识管理实名制社区协助调查，该社区中的员工都是各个企业中实施知识共享的主要负责人，共征集了 97 名知识共享负责人参与调查，由这些负责人向本企业的知识管理系统用户转发了请求参与调查的邮件，邮件中说明了调查的目的以及在线问卷的超链接，并且特别声明根据《中华人民共和国统计法》关于调查对象资料保密的规定个人隐私将会严格保密，研究结果仅以不可推断出个人的汇总形式提供。另外说明了对完成问卷的参与者会赠送一份小礼品表示感谢，并可选择免费接受研究报告（90% 以上选择接受）以提高回收率。共向各个企业中的 824 名用户发送了邮件，最终收回问卷 217 份，回收率 26%。对答案高度一致性的问卷，如全选一样的题项，则该问卷作废。经过筛选，有效问卷计 183 份，问卷有效率为 84%。

参与调查的复杂产品系统企业来自上海、江苏、广东、北京、山东、湖北、四川、重庆、陕西等 15 个省区市，其中东部地区占

52%，中部占 23%，西部占 25%。这些参与调查的企业中，实施知识共享的年限最高为 5 年，最低为 1 年，67% 以上的被试应用知识管理系统已经有 3 年以上，表明其对知识管理系统已经非常熟悉。被试者的其他基本统计特征详见表 5 - 1。参与调查的企业和被试者的分布特征说明样本具有代表性，符合研究目的。

表 5 - 1　　　　　　　　　　　　样本分布特征

统计属性	样本构成（$N = 183$）	
性别	男	64%
	女	36%
学历	本科及以下	45%
	硕士	47%
	博士	8%
年龄	21 ~ 30 岁	14%
	31 ~ 40 岁	52%
	41 ~ 50 岁	30%
	51 岁以上	4%
参与年限	1 ~ 3 年	33%
	3 ~ 5 年	67%
职位	高层	9%
	中层	21%
	职员	70%

为了检验是否存在无回应偏差，比较了较早提交问卷者（24 小时内）和较晚提交问卷者（一周内）的性别、年龄、学历、使用知识管理系统年限等人口统计学属性以及模型中的所有变量的均值，t

检验结果表明所有人口统计学属性及自我效能、个人声誉等模型中的自变量并无显著差别（p > 0.1）。知识共享这个被解释变量在两组样本之间存在显著差别，这表明知识共享越活跃的用户提交问卷时间越早，这并不构成无回应偏差。

5.3.2　测量

为了确保变量的效度，本书中的变量都尽量采用已有研究中经过验证的或者为了提高内容效度适当修改后的量表，如创新绩效根据《奥斯陆手册》（世界经合组织，2018）对公司整体创新绩效的定义以及索托科斯塔（Soto-Acosta）等研究中的项目来衡量创新绩效[172,173]，代表新的或显著改进的产品（商品或服务）或过程、组织实践或营销方法的实施。

但是安全运行和知识复杂性这两个因变量没有在文献中找到合适测量，因此在访谈和预调查的基础上确定其测量项目。安全运行包括"在过去的 3 年里，我项目的产品安全运行指标超过了所在行业的平均水平"等三个测量项目。知识复杂性包括"我从事的工作知识密集度很高""我的工作涉及的专业知识与其他相关领域依赖度高"两个测量项目。

信息技术支持度参考了李和周等开发的量表[174]，但在其研究中把该变量作为反映性变量，而根据皮特（Petter）等提出的确定构成性变量的四项原则[175]，由于信息技术支持度的测量项目衡量的是信息技术的不同功能对知识共享支持的程度，因此在研究中作为构成性变量处理。构成性变量量表采用与反映性变量不同的有效性标准，由于潜变量由其指标决定，潜变量所包含的各个方面考虑不周会导致缺乏相关内容的指标。为了解决这个问题进行了广泛的文献调查，并与行业专家、研究人员和某知识管理论坛中的资深员工进行了探索性访谈，明确了信息技术在他们的知识共享中对知识共享形成支持的各个方面以及目前未实现但可以实现的对知识共享的支持，以确保所选择的指标能够覆盖潜变量的全部内涵。李和周的原始量表中包括衡量知识管理系统支持知识存储、搜索、交流的程度，结合调研的结果，增加了随着信息技术的发展而新近开发出来用于知识共享的社会网络服务、知识地图等测量项目。然后对知识共享论坛中的 20 位员工进行了预调查，听取了他们对于测量项目的意见，对一些文字表述进行了适当修改。

所有测量项目都使用从"极不同意"（1）到"完全同意"（7）的李克特（Likert）7 级量表。附表 1 列出了量表中的测量项目及量表的来源和作者。采用反向翻译法以确保翻译成中文后的量表和原始的英文量表的一致性。5 位行业专家、6 位博士生和 10 位硕士生参加了预调查，并征求了他们对于调查项目的建议。

5.3.3　控制变量

坎坎哈利等的研究已经证实一般的人口统计特征如性别、年龄、工作经历、文化程度、知识管理系统用户规模等对知识管理系统用户的知识共享没有影响[74]。另外，本书基于多元理论视角进行研究，模型中包括了影响知识共享的各个理论视角的重要自变量。在其他研究中的控制变量，如金和马克思（King and Marks）在其研究中的知识管理系统有用性和易用性[78]，其所衡量的内容已体现在本书中的信息技术支持度变量中。因此，为了防止无关的控制变量干扰研究结果[176]并限制模型自由度，本书中没有控制变量。

5.4 数据分析与结果

一般认为基于偏最小二乘的结构方程用于检验探索阶段的理论，而基于协方差的结构方程主要用于理论验证。知识共享因素的研究尚处于理论探索阶段，适于采用偏最小二乘法。此外，本书中包括了信息技术支持度这个构成性变量，基于协方差的结构方程难以处理构成性变量，而基于偏最小二乘的 SmartPLS 软件和 PLS-Graph 软件则可以较容易处理反映性和形成性两种变量。最后，偏最小二乘法对变量的正态性分布要求不高，如果使用 LISREL 软件或 AMOS 软件可能会造成检验过程中发生偏差[177]。偏最小二乘法还因为避免了不可接受解和因子不确定性问题而更加适于解释复杂关系。因此在本书中的数据分析采用基于偏最小二乘法的结构方程。在基于偏最小二乘的软件中，SmartPLS 2.0[178] 提供了比 PLS-Graph 更好的用户界面，因此使用 SmartPLS 作为分析软件。

在数据分析之前，进行了统计功效分析。模型中预测因子的最大数量为 6 个（模型中创新绩效接收到的结构环节的数量）。假设中等规模效应（$f^2 = 0.150$），则模型要求最小样本量为 97，才能达到 0.800 的 apower，alpha 水平为 0.05［12，26］。我们的样本量为 100，足以估计所提出的模型。这一分析表明，我们的研究具有足够的统计能力来检测利益的影响海尔和林格尔（Hair and Ringle）指出基于偏最小二乘的结构方程样本量需要大于以下两个条件中较大的数值：（1）构成性变量指标数量的 10 倍；（2）最大的指向某个潜变量路径数目的 10 倍。本书中信息技术支持度指标数量为 5，指向知识共享因变量的路径数目为 9，两者 10 倍中较大的为 90，而样本量为 183，符合样本量的要求，可以进一步进行数据分析。

5.4.1 测量模型检验

数据分析分两个阶段进行，即首先检验测量模型，然后检验结构模型。对于反映性变量检验其单维性、内部一致性、聚合效度和区别效度。对于构成性变量则检验其指标的权重及指标的方差膨胀因子。

（1）单维性、内部一致性。

单维性指的是测量指标与其所测潜在变量之间的相关程度高于其他变量。为了检验各个变量的单维性，采用 SPSS 21 进行了探索性因子分析进评价，在分析中不包括构成性变量信息技术支持度的调查数据，以其他 13 个变量的调查数据作为原始数据，通过主成分法抽取因子并采用最大方差（VARIMAX）旋转，在结果中选取特征值大于 1 的成分作为最终因子，共抽取出 13 个因子，所有指标在其所属的因子上载荷较高（>0.74），而在其他因子上载荷较低（<0.2），表明各个指标呈现合理的单维性。

为了检验量表的内部一致性，计算了变量的组合信度和克隆巴赫（Cronbach）系数。和克隆巴赫系数类似，组合信度也是衡量测量项目内部一致性的指标，但不同的是组合信度还考虑了测量项目的实际载荷,因此是衡量内部一致性的更优指标。组合信度和克隆巴赫系数超过 0.7 表示可以接受,如附表 A2 所示,研究模型中所有反映性指标的组合信度都超过了 0.871,克隆巴赫系数都超过了 0.780,显示变量量表具有充分的内部一致性。

(2)聚合效度。

当每个测量指标与其所测量的变量高度相关时这些指标具有聚合效度。聚合效度通过确认性因子分析确定,此时因子数目在分析时预先确定。结果显示指标在其对应变量上的载荷都超过了 0.707,所有变量的平均萃取方差(AVE)都超过了 0.5,表明所有指标 50% 以上的方差都可以由其对应变量所解释,所有测量项目具有聚合效度。采用自助法检验指标载荷的显著性(重抽样次数 = 500),结果显示所有载荷均为显著(p < 0.01)。确认性因子分析的详细结果见附表 A2。

(3)区别效度。

当变量 AVE 的平方根大于变量之间的相关系数时表明变量与其测量指标之间所共享的方差大于变量与其他变量所共享的方差,即可判断变量具有区别效度。附表 A3 中变量相关系数矩阵的对角线位置为该变量 AVE 的平方根,其值都超过了该变量和其他变量之间的相关系数,表明变量之间具有区别效度。同时在附表 A2 中的确认性因子分析结果中,所有测量项目在其所测变量上的实际载荷都超过了 0.78,与在其他变量上的载荷至少相差 0.1,也说明变量之间存在区别效度[179]。

(4)构成性变量的检验。

为了检验构成性变量信息技术支持度的有效性,根据皮特

（Petter）等关于构成性变量检验的推荐方法[175]，首先检验了信息技术支持度测量项目权重的显著性。如附表 A4 所示，除了关于查找领域专家的测量项目 ITSUPP5 外，其他测量项目的权重都为显著（p < 0.01）。但是根据博伦和伦诺克斯（Bollen and Lennox）的建议[180]，还是保留了该项目以保持该变量的内容有效性。在反映性变量中，其测量项目之间的多重共线性是所期望的（表现在较高的克隆巴赫系数和内部一致性），但构成性变量的测量项目之间太高的多重共线性实际上不是所期望的，因为这表明这些测量项目都在测量变量的某一个方面，测量项目对变量的影响难以区分。为了检验多重共线性，计算所得信息技术支持度的方差膨胀因子（VIF）为 2.89，根据皮特等的建议，构成性变量的 VIF 应该小于 3.3，因此其测量项目之间不存在多重共线性问题。

（5）共同方法偏差。

由于数据调查阶段所有变量的测量都是由自我报告所得，可能会由于社会期待等原因导致共同方法偏差问题。为了尽量克服此问题，随机调整了调查问卷中的不同变量的测量题项的顺序，使得被试者难以"猜测"测量题项之间的理论关系。此外还进行统计分析以评估共同方法偏差的严重性。首先进行了 Harman 单因素检验，如果共同方法偏差确实存在，则在所有测量项目中将会存在一个共同的因子能够解释其大部分方差[181]。对所有反映性测量项目进行探索性因子分析并固定为一个因子，结果该因子所解释的方差比例为 26%，表明共同方法偏差没有明显对调查结果构成污染。其次，按照梁（Liang）等检验共同方法偏差的步骤[182]，在偏最小二乘法模型中增加了一个共同方法因子，并把所有的测量指标转化为只有单个指标的因子，然后计算每个指标由其对应变量所解释的方差和由共同方法所解释的方差。结果显示每个指标由其对应变量所解释的平均方差为 0.72，而由共同方法所解释的平均方差为 0.021，二者比值为 34∶1，而且大多数共同方法因子的载荷并不显著。因此可以认为共同方法偏差在本书中可以忽略。

5.4.2　结构模型检验

结构模型的检验在验证了测量模型的有效性和可靠性的基础上，采用 SmartPLS 结构方程软件检验研究假设。假设的显著性采用自举法分两阶段检验，第一步检验不考虑调节效应的知识共享模型，包标准化路径系数、双侧 t 检验的显著性水平和所解释的方差比例的检验结果（见图 5 - 2）。

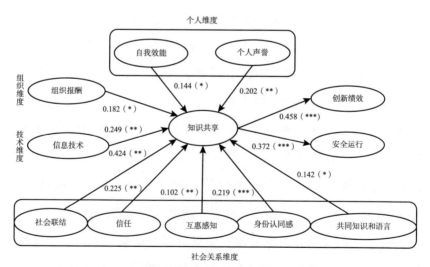

图 5 - 2　知识共享影响因素结构模型检验结果（无交互效应）

注：＊p＜0.05、＊＊p＜0.01、＊＊＊p＜0.001。

知识共享模型检验结果中所有路径系数为正值，且显著性水平 p < 0.05，因此数据分析的结果支持本书中的所有假设。知识共享因变量所解释的方差比例为 52.8%，根据奇恩（Chin）的划分，R^2 在 0.670 左右可以认为模型解释能力非常大，在 0.333 左右解释能力中等，在 0.190 左右则解释能力较弱[183]，因此可以认为本书模型对知识管理系统中的知识共享解释能力较强，模型较好地契合了数据。进一步采用层次分析方法，在所解释的方差比例中社会维度所解释的方差比例为 36.7%，个人维度所解释的方差比例为 6.9%，技术维度所解释的方差比例为 6.3%，组织维度所解释的方差比例为 2.9%，社会、个人、技术和组织维度解释因变量的能力相对比例分别为 70%、13%、11.9% 和 5.5%。

研究结果也证实了复杂产品系统知识共享对复杂产品系统的创新绩效和安全运行具有至关重要的意义。知识共享与创新绩效的路径系数为 0.458，知识共享与安全运行的路径系数为 0.372，并且都在 p < 0.001 水平显著。

采用科恩（Cohen）的 f^2 检验各维度的变量对知识管理系统中知识共享的解释能力，结果见表 5 - 2。f^2 值在 0.02、0.15 和 0.35 附近时可以认为效应分别为小、中、大[183]。可以看出社会维度对知识共享的效应最大，对知识共享的解释能力最强。

Stone-Geisser 检验是衡量模型预测能力的指标[184]，表示模型内生变量的观测值可以由模型预测的能力，为了检验本模型的预测能力，设置删除距离为 7，得到 Q^2 值为 0.4132，Q^2 大于 0，表示模型呈现较好的预测能力。

表5–2　　　　　　　　　　相对解释能力（效应大小）

变量	R_e^2	效应（f^2）
社会维度（包括5个变量）	0.189	0.400
个人维度（包括2个变量）	0.464	0.136
技术维度（信息技术支持度）	0.468	0.127
组织维度（组织报酬）	0.499	0.061

第二步检验知识复杂性的调节效应。使用偏最小二乘法检验调节效应是一种相对较新的方法，很少有学术论文阐述如何在偏最小二乘法路径模型中建模和估计调节效应[185]。采用亨思勒和法索特（Henseler and Fassott）所提出的乘积指标法来检验调节效应[186]。研究模型中涉及调节效应的变量都是反映性变量，因此使用解释变量和调节变量的指标变量的乘积生成新的乘积项作为新的交互项指标。然后对乘积指标进行标准化。采用自举技术对样本进行自举，通过对交互项的显著性和内部模型路径系数的符号进行检验确定调节效应的显著性，表5–3给出了路径系数和p值，可以看出知识复杂性正向调节社会联结对知识共享的促进作用的假设得到验证，在知识复杂度高时知识共享对复杂产品系统的创新绩效和安全运行作用更大。进一步计算纳入交互效应后的R^2发现模型解释了知识共享水平的63.1%的方差，调节效应引起的R^2增加在$p = 0.01$水平时显著。Stone-Geisser测试计算出Q^2为0.4375，这也表明了调节效应模型具有良好的预测水平，具有充分的解释能力。

表 5-3   调节效应路径系数和显著性水平

假设	乘积项	因变量	路径系数	显著性水平
5-12	社会联结 × 知识复杂性	知识共享	0.289	$p < 0.01$
5-13	知识共享 × 知识复杂性	创新绩效	0.316	$p < 0.01$
5-14	知识共享 × 知识复杂性	安全运行	0.245	$p < 0.05$

5.5　讨　　论

　　本书集成了四个维度的研究变量，为企业管理人员和研究人员更全面地理解复杂产品系统企业中的知识管理系统知识共享行为并进一步为优化设计知识管理系统提供了坚实的理论基础。研究证实四个维度的变量都与知识管理系统知识共享行为显著正相关，这些变量一起解释了知识管理系统中知识共享 52.8% 的变异量。进一步的效应分析结果表明社会关系维度的变量效应最为显著。知识复杂性进一步放大了社会关系维度中的社会联结对知识共享的促进作用，并且在高知识复杂性情况下知识共享对复杂产品系统的创新作用和安全运行的保障作用更加明显。

　　随后与一些企业的知识管理经理和网络实践社区组织者进行的讨论进一步验证了统计分析的结论。其中一位知识管理经理指出：知识管理系统促进了各个层级岗位员工之间的交流，所提供的虚拟空间提高了员工之间的亲近度和信任感，促进了员工主动参与到知识共享中来，并通过知识共享促进了企业的创新水平提升。

　　从讨论中可以发现亲近度、信任感等社会资本对于知识共享的促进作用得到了这些业者的认同。调查中也发现知识管理系统的用户更倾向于在虚拟社区而不是知识库中共享知识，原因是虚拟社区促进了员工之间的交流，并进一步提高了员工之间的社会资本。

与一些实施效果不好的企业进行交流时，他们坦承对社会资本在知识管理系统知识共享中的作用缺乏足够的认识，所采用的信息技术对社会资本也缺乏足够的支持。其中一位主管所在的企业只是建立了知识库，单纯依靠制度要求员工通过知识库进行知识共享，结果发现知识库中只是充斥了大量文档但有用的知识贫乏，知识的利用率也非常有限。

对照本书的研究结果，总结出一些知识管理系统实施效果不好的企业在知识共享中存在两种偏差。一种偏差是只重视信息技术，但忽视将信息技术植根于企业员工所形成的社会网络之中，造成员工使用这些信息技术进行知识共享缺乏内在动力。同时由于不支持社会网络，难以支持隐性知识的分享。对于隐性知识的分享，人既是知识的载体，同时又是知识共享的必须媒介，信息技术只能促进分享而不能完全代替。另外一种偏差是管理控制偏差，即只重视管理控制的作用，硬性规定员工进行知识共享的数量，或者单纯以物质奖励为激励手段，造成知识共享的质量不高，知识利用率很低，甚至造成员工产生抵触情绪，确实发生了已有学者所证实的"挤出效应"[84]。从而造成正式管理的知识越多，就越不可能发生有效的知识共享。忽视知识共享中员工之间的社会资本培育是知识管理系统实施效果不佳的主要原因。为了提高基于知识管理系统的知识共享水平，知识管理系统必须支持社会网络并促进社会资本的发展。

本书确认了在知识管理系统中社会资本对于知识共享的重要作用，同时研究假设 5 - 8 的路径系数 0.249 是仅次于最大的社会联结路径系数，该假设的验证表明 IT 技术对于促进知识共享具有显著作用。这些结果对于知识管理系统的设计具有重要启示，即知识管理系统的设计如果能够支持包括三个维度的社会资本的发展，将会有力促进知识管理系统中的知识共享。

首先，知识管理系统可以支持结构资本的发展。如允许用户查找其他用户、同其他用户直接交流，为基于知识管理系统进行知识共享提供机会。这些技术可以克服时空限制，并可以提供以主题为中心或者以用户为中心的在线社区，以主题为中心的社区中彼此不熟悉的用户也可以交流思想，以用户为中心的社区可以帮助维护和加强已经以传统形式存在的用户之间的联系。此外，知识管理系统还可以提供自动推荐功能，即根据用户的知识共享记录和交流记录捕获其专长，把拥有此专长的用户推荐给需要解决此类问题的用户，从而帮助用户建立新的联系，增加结构资本。

其次，知识管理系统可以支持认知资本的发展。组织的认知资本越高越有利于知识共享，特别是隐性知识的分享。在设计知识管理系统时可以考虑尽量提高用户之间的沟通带宽，如支持视频和语音通信，提供演示工具和领域相关的支持材料，记录用户之间的沟通历史。可以采用本体技术与工作流结合帮助员工共享领域知识，也可采用自定义标签和系统推荐标签技术标识用户共享的知识，并在此基础上提供知识推荐功能。

最后，知识管理系统可以支持关系资本的发展。建立关系资本包括建立用户之间的信任和互惠规范，树立用户的身份认同感。为此，在知识管理系统中有必要引入由知识第一需求者奖励的积分系统和知识的所有使用者提供的评价系统，这些积分和评价有助于提高用户之间的信任和互惠，系统还可以根据这些数据提供活跃用户排行榜，结合表彰和奖励等管理措施提高用户的身份认同。此外，在前述向用户推荐专家时，还可根据用户之间的关系网络推荐距离用户较近的专家，以提高知识提供者和需求者之间的信任度和互惠感。

综合以上知识管理系统支持社会资本的要求，设计了支持社会资本的知识管理系统原型。系统框架结构设计见图5-3，虚线框外的矩形框表示为用户提供的功能，粗箭头表示知识共享，细箭头表示知识提供或者辅助信息。其中虚线框表示知识管理系统组成，主要包括虚拟社区、知识库和专家地图以及SNS系统，其中SNS是基础性社会网络服务，用以支持发展社会资本。虚线框左边部分为系统之外的面对面形式的知识交流即实践社区形式的知识共享，知识管理系统可以对这些实践社区管理，但交流本身在线下进行。该系统的框架结构设计能够使得知识管理系统的应用植根于组织的社会网络之中，并进一步促进组织社会资本的发展，提升个人效能感和个人声誉，有利于组织进行知识共享绩效管理，从而实现了多元理论框架下的知识共享促进模式。

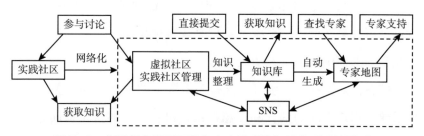

图5-3　多元视角指导下的复杂产品系统知识管理系统原型

5.6　本 章 总 结

基于社会技术系统观点从个人、社会关系、组织和技术四个维度研究复杂产品系统企业中基于知识管理系统的知识共享理论模型和关键影响因素。从社会资本理论、自我效能理论、认知理论等多元理论视角从四个维度建立基于知识管理系统的知识共享因素模型，采用偏最小二乘法结构方程对来自 97 家企业 183 个有效样本的实证研究表明，虽然各层面的变量都对因变量具有显著作用，但社会资本对基于知识管理系统知识共享效应最为显著，其次分别为个人、技术和组织层面。因此，复杂产品系统生产企业应在综合管理措施基础上重点培育组织社会资本，并且利用基于社会网络服务等信息技术的知识管理系统支持员工社会资本的发展促进知识共享，总结了知识共享管理中的两种误区，依据社会资本的三个维度设计了支持社会资本的知识管理系统原型。

第6章

复杂产品系统项目部门间知识共享组织结构

在项目部门内部的员工彼此之间都具有社会联结，员工在项目部门内部的知识共享行为与第 4 章的通过博弈理论分析得到的条件和第 5 章的通过实证研究分析的影响因素有关。但是在项目部门之间的知识共享中，不同项目部门的员工之间不会全部都具有社会联结，也不能依靠自发的偶然社会联结共享项目部门间知识，因此这就存在项目部门间社会联结结构的设计问题。

不同的项目部门间社会联结组织结构设计会产生不同的知识共享效果，尤其是在共享复杂性知识时，不同社会联结组织结构的知识共享效果将会更具有显著差别。第 4 章的博弈分析表明双方的知识协同创造效应是复杂产品系统知识共享的关键条件，并且第 5 章证实社会联结对知识共享具有显著促进作用，知识复杂性正向调节这种促进作用。由于不同项目部门间社会联结组织结构设计会产生不同的社会联结配置，因此项目部门间员工知识共享产生的知识协同创造效应以及社会联结的促进作用和知识复杂性的调节作用也会显著不同。不同的社会联结组织结构也会对跨项目部门社会联结中员工之间的其他社会资本变量产生影响，如认知资本中的共同知识和语言。另外还会产生其他的项目部门间知识共享问题，如知识超载、激励动机影响等。

因此本章首先基于知识复杂性视角分析文献中已经有的跨界人和一般知识网络两种项目部门组织结构在项目部门间共享复杂知识时面临的问题，包括知识共享效果与其维护成本和知识溢出风险，然后设计考虑复杂性知识中知识依赖关系的耦合知识网络。最后运用模拟仿真方法对比分析已有的两种项目部门间知识共享组织结构与设计的耦合知识网络组织结构的效果差异。

6.1 复杂产品系统项目部门间知识共享的意义与特殊性

6.1.1 复杂产品系统项目部门间知识共享的意义

复杂产品系统的创新需要涉及各个来自不同省份甚至不同国家的组成部门的领域知识充分共享，制造过程也可能利用不同地区和国家的能力差异共同完成，复杂产品系统的项目实施更是需要针对不同客户设立不同的项目部门，这些项目部门通常具有不同的知识和经验储备。项目部门之间共享知识为其员工提供了从另一个角度看待问题或任务的机会，可以激发创造性和创新水平。由于复杂产品系统的非线性特征，局部微小的变化可能导致整个系统最终出人意料的后果，因此复杂产品系统的安全运营也需要充分发挥各个项目部门的知识优势并且在知识共享中发现单独部门难以发现的细小失误从而避免导致巨大损失。复杂产品系统企业在内部的不同项目部门之间有效共享知识可以有效提升整体竞争力[87]。

复杂产品系统企业越来越多地采用合资企业和战略联盟方式增强竞争力，并购和收购的频率越来越高。从这些投资战略所新建立的项目部门间关系中实现收益取决于项目部门间知识共享的成效，能够有效地在项目部门间共享知识的组织比那些不太擅长知识共享的组织更有竞争力。例如，复杂产品系统装配厂可以通过实施其企业内的其他装配厂开发的新流程来改进其性能，可以利用其某一个项目部门的实施经验，增加其他项目部门有效服务客户的知识。

新的网络组织形式出现的重要原因也在于有效地在各个组成部门之间共享知识。特许经营、连锁经验和联盟企业等相互关联的组织，与自治程度更高的同行相比具有竞争优势的重要原因在于它们可以更容易在其内部部门间共享知识[187,188]。

虽然复杂产品系统企业在项目部门间共享知识具有重要意义，但是成功在项目部门间实现知识共享是很难实现的，尤其是复杂产品系统知识在项目部门间共享更加困难。

6.1.2 复杂产品系统项目部门间知识共享的困难

尽管项目部门间共享知识可以提升竞争力，但是项目部门之间的共同知识不足使得项目部门间共享知识比项目部门内部个人之间共享知识更加困难。在以知识或技术为基础的组织中，跨部门知识共享会产生更大的问题。正如在第 5 章实证研究所证实的，员工之间的共同知识和语言使得彼此更容易共享知识，但由于不同项目部门会有不同知识基础，因而增加了项目部门间知识共享的难度。事实上，在以知识和技术为基础的复杂产品系统企业中，普遍认为项目部门间共享知识是创新和新产品开发能力的来源但同时也是重要障碍[91]。

由于复杂知识中包含大量集体知识，复杂产品系统企业跨项目部门间知识共享同时涉及个人和集体知识，集体知识的共享实质上是帮助接收项目部门学习专业知识领域之间的协调方法、沟通方法和跨领域知识。集体知识的共享比个人知识共享更具挑战性，因为集体知识具有编码化程度低和隐性的特点，各种知识要素之间的相互依赖使得知识难以充分阐明，需要知识源和知识接收方频繁、双向和随时的沟通[88]。例如，印度尼西亚狮子航空空难事件说明在飞机设计中，如果完全确定和衡量各个专业领域的相互依赖性，就必须理解和明确说明放入更大的发动机将如何影响机身、重量、冷却要求、耗油量计算和气动力与结构测试等结果。

此外，复杂知识中知识子元素在知识共享过程中发生一个小错误就可能导致整体知识共享中的大的失真，因此知识领域内不同子元素之间具有相互高度依赖性的复杂知识很容易发生知识共享错误。

6.1.3　复杂产品系统项目部门间知识共享的要求

集体知识成功共享在很大程度上取决于对不同知识要素如何相

互依赖的正确理解。因此，为了共享集体知识，项目部门的员工不仅需要与另一个项目部门对应方（即专业领域相同的专业人员）进行沟通，还需要与另一个项目部门中不同领域的员工建立联系，即跨项目部门跨专业知识关系。跨项目部门跨专业知识联系是项目部门某个专业领域（E_i）内的员工与具有不同专业领域（E_j，$j \neq i$）的另一个项目部门的员工之间的通信联系，这在集体知识（E_{ij}）共享中是必不可少的，因为它有助于项目部门的员工以参与这种依赖关系的另一个项目部门中员工的视角充分理解 E_i 和 E_j 之间相互依赖的含义。这些跨专业知识视角有助于员工直观感知不同专业领域之间互动的一般模式，这对集体知识的成功共享至关重要。里根思和麦克维里（Reagans and McEvily）的研究表明与外部个人的跨专业知识联系可以帮助组织中的个人获得更广泛的视角，从而有助于获得复杂的知识[52]。

考虑设计工程师和制造工程师之间知识共享的情况。假设具有高压涡轮设计能力的项目团队将该知识共享到新成立的项目团队。新成立项目部门中的设计工程师不仅需要从知识来源项目部门中的设计工程师那里获得产品设计（E_1）的专业知识，也需要获得 E_1 和 E_2 之间相互依赖关系的集体知识（即 E_{12}），而这还需要与知识源项目部门中的制造工程师（E_2）进行通信。跨项目部门跨领域专业知识联系并不需要将全部个人专业知识与另一个项目部门的员工共享，例如设计部门的设计工程师无须通过他与制造部门中的制造工程师之间的跨项目部门跨领域联系获得制造过程中的全部专业知识。但是，这种跨项目部门跨领域联系有助于共享以下跨领域知识：（1）其他知识领域的个人需要如何对其自己专业领域内做出的决定作出反应和调整；（2）其他知识领域的专家在处理跨专业知识边界问题时需要理解的技术语言；（3）其他知识领域的专家有哪些限制和关注可能会影响他自己知识领域的决策。

知识的复杂度将会影响复杂产品系统项目部门之间的知识共享组织结构的有效性和共享成本。有效的知识共享组织结构意味着能够促进知识共享的质量和及时性，而知识失真（例如内容丢失或准确性降低）或共享过程中的时间延迟则会导致知识共享损失。当组织结构很少导致知识损失时，即可认为该结构是有效的。

然而，复杂产品系统项目部门之间知识共享的组织结构的开发和功能维护需要花费时间、精力和有形资源，过大的成本可能使有效的组织结构不可行，有的知识共享结构还可能导致意外的知识溢出。因此对每一种项目部门间知识共享组织结构需要分析知识复杂性对其知识共享效果以及其维护成本与知识溢出风险的影响。

6.2　项目部门间跨界人知识共享组织结构

6.2.1　跨界人知识共享组织结构

跨界人是在组织的知识范围边界工作、执行组织相关任务并负责在组织内部与外部建立联系的人员[189]。跨界人的功能有两个方面：第一，保持与外部环境的高度联系并从中收集信息；第二，保持与内部组织的高度联系，从而以组织内部可以理解的方式过滤、编辑和传播外部信息。

跨界人一般是知识共享项目部门的训练有素、熟悉业务的代表，他们与项目部门内的各种专家或主管有广泛的关系，充当信息和知识中心，接收来自项目部门内部员工的信息、问题、答案和建议，然后过滤、编辑并将其提供给另一个项目部门的员工。在项目部门之间的知识共享中，跨界人结构是一种集中式结构，其特征在于通过有限数量的跨界人构成的渠道间接进行知识共享。跨界人享有优先获取信息的好处，在某些情况下可能会使信息流动偏向于其自身偏好。内部工作人员依赖于跨界人来进行新的知识输入，项目部门的内部员工通常无法直接联系其他项目部门的员工，或者因为不知道应该联系的另一个项目部门的合适人员，或者缺乏授权或威信直接与另一方的员工一起解决所遇到的问题，因此他们对跨界人具有高度依赖性。跨界人知识共享结构可以采用不同的形式[190]，见图6-1。图6-1（a）中两个项目部门各有一位跨界人负责两个项目部门间的知识共享，形成一对一的跨界人结构，图6-1（b）中一个项目部门中有一个跨界人，另一个项目部门有多个跨界人，形成一对多的跨界人结构。

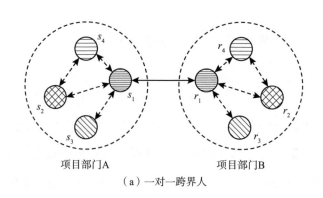

项目部门A　　　　　　　　　项目部门B

（a）一对一跨界人

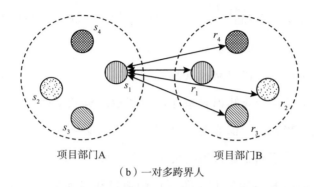

（b）一对多跨界人

图 6 – 1　复杂产品系统项目部门间跨界人知识共享组织结构

6.2.2　复杂知识对跨界人知识共享有效性的影响

跨界人知识共享结构一直被认为是知识共享的有效策略，大多数已有研究证实跨界人是一种普遍有效的部门之间知识共享结构。例如布里翁（Brion）等的实证研究表明，这种结构可以帮助新产品开发项目经理获取项目支持和获取创意[191]。然而，这些研究的共同之处是针对个人知识的研究，知识的复杂程度低，几乎不存在知识内部各元素之间的相互依赖，很容易通过个人传播。通过获取另一个项目部门提供的个人知识，跨界人可以很好地促进这种知识在项目部门之间的共享。

跨界人处于结构洞的位置，有研究证实在企业内部的知识网络中结构洞会阻碍知识的共享，降低知识吸收能力[192]。实际上其有效性取决于共享的知识类型。随着知识复杂程度的提高，跨界人结构在知识共享方面的有效性将会逐步降低。

首先，知识处理比数据和信息处理复杂得多，当共享高度复杂的知识时，跨界人结构的长距离和间接知识传输路径可能导致共享知识不完整、失真和时间延迟。当项目部门之间通过跨界人结构联系时，项目部门内的大多数员工（非跨界人）必须依赖跨界人通过间接和长距离知识传递路径共享知识。但是集体知识的共享需要通过跨项目部门跨专业知识联系才能更好地理解和掌握这些跨专业知识之间的依赖。当知识非常复杂时，跨界人必须充当中介人，将两个项目部门的不同专业知识的员工联系起来。例如，在图 6－1（a）中，项目部门 B 中的员工（即 r_1）和项目部门 A 中的员工（即 s_1）分别作为各自项目部门的跨界人。如果项目部门 B 中的非跨界人员工（例如，r_2）需要与项目部门 A 中的非跨界人员工（例如，s_3）建立项目部门间跨专业知识联系，则 r_2 必须先联系跨界人。项目部门 B 的跨界人（r_1）将需要联系项目部门 A 中的跨界人（s_1），然后联系 s_3。在 s_3 接收到来自 s_1 的请求之后，他将向 s_1 提供反馈，然后 s_1 将该反馈传达给 r_1，r_1 又将最终反馈到 r_2。可以看出，这条知识路径涉及五次人际联系。这种长距离和间接的跨项目部门跨专业知识路径可能导致知识网络中的知识失真和沟通中断。特别是当要共享的知识非常复杂时，知识传播路径中的员工不可能完全、准确地在不同项目部门之间传播专业领域知识之间相互依赖的性质和影响，知识失真就越可能发生，而且长距离和间接的知识共享路径也可能导致时间延迟和徒劳无功地盲目搜索。

其次，复杂知识所包含的集体知识的数量和范围可能超过跨界人的认知能力，因此难以在不同项目部门之间共享知识。瓦拉布瓦（Walumbwa）等的研究表明个人跨界行为会导致个人角色超负荷[193]。面对复杂产品系统中蕴含的丰富集体知识，即使能力极强的跨界人，也难以充分理解和传达人际或职能间丰富的协调模式以及专业领域之间相互依赖关系的深层意涵。因此，赋予跨界人共享集体知识的责任可能导致角色超载、知识丢失或失真以及时间延迟。邓春平等研究发现信息技术部门中跨界人由于角色重载、角色模糊产生的工作压力具有阻断性，工作自主性会由于过渡阻断性工作压力的刺激而对知识共享绩效产生负面影响[194]。随着要共享知识的复杂性增加，这些负面影响将会加剧。知识的复杂性增加到一定程度时跨界人共享集体知识所需的工作量和时间可能会升高到令人望而却步的程度。

最后，跨界人知识共享组织结构不仅会导致严重的认知挑战，还可能导致动机问题。第一，角色超载可能会降低跨界人承担促进知识共享的责任感和意愿，特别是面临复杂产品系统中非常复杂的知识时。第二，项目部门的非边界员工之间缺乏直接联系，阻碍了两个项目部门员工之间信任和社会关系的发展，因此可能会降低员工共享复杂知识的动力。第 5 章已经证实社会资本是知识共享的重要促进条件，直接联系建立的信任和社会关系是激励个人共享复杂知识深度内容的关键条件。第三，跨界人组织结构可能会妨碍项目部门的非边界员工的赋权和自主意识。与个人或离散知识相比，集体知识更加难以明确说明和衡量，因而更难以通过外部激励来促进共享。因此，必须更多地依赖员工的工作承诺或内在动机来促进知识共享中的相互协作。然而，跨界人组织结构是集中式结构，与在知识共享和分配方面享有选择权限的跨界人不同，项目部门中的非边界员工在寻求或分享知识时都必须通过跨界人。因此，非边界员工可能会缺乏自主权、权力和控制力，这反过来可能会减少他们对组织目标的承诺以及他们寻求或分享知识的意愿[195]。总之，随着知识复杂性的增加，由于工作量过大以及缺乏信任和自主权，跨界人和两个部门的其他员工的动机变得更低。这种动机的丧失可能会对知识共享的质量和及时性产生负面影响。

总体而言，跨界人组织结构对于共享低复杂度的知识是有效的，但由于其长路径导致社会联结强度降低，也存在认知和动机限制，其有效性随着知识复杂性的增加而下降。当知识复杂度达到阈值时，在有限时间内共享知识的压力下，角色超载的跨界人和失去动力的项目部门其他员工可能发现知识共享非常困难。压力和挫折可能最终导致复杂产品系统项目部门之间的知识共享受到严重影响。此时，由于知识失真、联系中断和时间延迟导致的知识损失可能会急剧上升到危及企业生存能力的程度[196]。

6.2.3　跨界人结构维护成本与知识溢出风险

跨界人结构的主要优势之一是成本节约[197]，但在招聘、保留、培养和支持跨界人过程中开发和维护这种结构仍然会发生大量成本。与非边界跨越人相比，跨界人需要具有更多的工作经验范围和更长的从业时间，并且在职级序列中占据更高的位置。因此，雇用和保留跨界人需要大量的财务投资，培养跨界人的技能通常需要在培训和轮岗方面花费时间和精力。

此外，为了支持跨界人有效开展工作，企业需要通过信息技术和相关服务预算以及旅行津贴来支持。每个跨界人需要的这些成本随知识复杂性而增加，因为知识复杂性越大，跨界人需要的激励、培训和支持力度就越大。但由于跨界人数量相对较少且不随知识复杂性提高而变化，因此每个跨界人的成本和跨界人数量的乘积构成的总成本不会随着知识复杂性而显著上升。

除了针对跨界人的直接投资，企业还面临跨界人离职的损失风险。跨界人在复杂产品企业项目部门之间占有有利的知识地位，可以获取多方面的最新知识。由于跨界人掌握了最新的知识，一旦不满意企业内部的待遇就可能离职。当组织中包含跨界人这样高地位的知识专家时，离职后的组织绩效会显著下降[198]。甘科（Ganco）实证研究表明知识复杂性对员工加入竞争对手抑或独立创业两种知识溢出方式的选择具有显著影响[199]。瓦菲亚斯（Vafeas）研究表明买方和卖方企业的跨界人之间人际关系的终止可能对组织间关系产生破坏性影响[200]。

6.3　项目部门间一般知识网络共享组织结构

6.3.1　一般知识网络共享结构

一般知识网络①是一组个人节点集合，在这些由社会关系支持和约束的掌握不同知识的节点间搜索、传输和创造知识[201]，项目部门间的一般知识网络结构见图 6 - 2。以往研究表明网络的关系强度、内聚度、网络距离、网络中心性、结构洞、齐美尔（Simmel）

---

①　已有研究文献中称为知识网络，但是为了与设计的耦合知识网络区分，称为一般知识网络。

关系等网络特征都会提高知识在网络中的共享效果[91,202,203]。

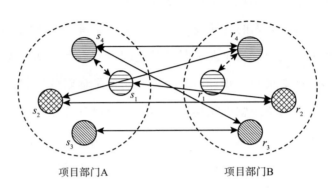

图 6 - 2 项目部门间的一般知识网络组织结构

6.3.2 复杂知识对一般知识网络有效性的影响

在一般知识网络中，由于社会联结的建立和维护没有针对性考虑复杂知识之间的相互依赖关系，因此虽然一般知识网络的各种特征可以促进知识共享，但知识的复杂性仍然会影响知识在一般知识网络中的共享效果。

首先，一般知识网络中的社会联结没有考虑到与知识依赖的对应关系，造成社会联结缺失。如图 6 - 2 所示，项目部门 A 中的员工 s_4 如果与项目部门 B 中的员工 r_1 建立社会联结，将有助于他们共享依赖知识，有助于他们理解自己工作领域内的知识更新对各自部门内部其他依赖知识所造成的影响，防止复杂产品系统的非线性特征产生的意外结果。而一般知识网络中由于建立社会联结的自发性和随机性，难以保证建立与知识依赖对应的社会联结。因此简单知识可以在一般知识网络中达到有效共享的效果，而由于不存在与知识依赖对应的社会联结，复杂知识在远距离的一般知识网络中的知识共享效果就会受到影响[204]。

其次，一般知识网络中存在的大量与知识依赖无关的社会联结在共享复杂知识时可能导致信息与知识过载。一般知识网络中存在与知识依赖没有对应关系的社会联结，这些冗余的社会联结不仅增加了一般知识网络维护的成本，还可能产生与员工工作的知识领域无关的信息和知识并造成信息超载。例如在合著知识网络中，拥有更多合著者的作者具有知识共享的优势，提高研究绩效，然而建立合作关系需要时间、精力，因此最优合著者数量超过某个阈值时反而会降低研究绩效[205]。同样，在复杂产品系统的项目部门间网络中冗余的社会联结所带来的知识相关度低，维护这些社会联结却需要额外的成本，从而会降低知识共享效果。另一种知识超载形式是项目部门内先行与其他项目部门知识共享获得知识的员工在将新的知识共享给项目部门内的其他员工时，因为项目部门的大多数员工还没有完全理解，就必须说服其他员工克服集体知识中的旧有组织例程，而新的集体知识蕴含大量隐性成分，这时先行获得新知识的员工会发现几乎无法把这些新知识共享给项目部门内其他员工，面临严重的知识共享中提供环节的超载问题。

最后，由于一般知识网络中社会联结建立的自发性和随机性，员工之间缺乏足够的知识共享责任感。一方面，复杂产品系统中各部件之间具有严格的依赖关系，另一方面，一般知识网络中随机的社会联结使得员工在共享知识时感受不到明确的知识共享责任，或者即使发现需要共享的知识也难以找到需要共享的对象，从而可能造成关键知识共享失败。

基于以上分析，一般知识网络在共享复杂知识的过程中虽然在满足某些网络特征的情况下可以促进知识共享，但是随着知识复杂性的提高，一般知识网络在复杂知识共享中的效果将会受到损失。并且随着一般知识网络中的社会联结数量增加，还会带来额外无关的信息和知识从而造成信息超载，进而造成知识共享效果下降。

6.3.3　一般知识网络的维护成本与知识溢出风险

首先，建立和维护项目部门一般知识网络中对应员工之间的每个社会联结所需要的培训、差旅和 IT 支持等形式成本不会随着共享知识的复杂性而显著增加，总的成本与项目部门之间社会联结的数量成正比。如果一般知识网络的内聚度较高，会导致一般知识网络的维护成本大幅提高。正如施泰尔和格林伍德（Steier and Green-wood）所言，网络过载在效率方面尤其具有破坏性，因为拥有大量联系人的积极影响被维持网络所需的大量额外时间和资源所抵消[206]。其次，由于一般知识网络中没有集中权威，可能因此产生缺乏统一方向和控制问题，从而产生比跨界人结构更多的混乱和冲突。最后，一般知识网络可能导致保密性问题，可能需要额外的管理和投资来预防意外的知识溢出。

但是一般知识网络降低了知识员工离职对绩效的负面影响。由于知识分散在一般知识网络员工当中，每位员工所掌握的知识深度嵌入在一般知识网络中，降低了知识权力的议价能力，从而避免了跨界人结构中雇用和保留跨界人需要的大量财务投资，减小了知识员工离职的风险，即使离职所带来的绩效影响幅度也在局部微小范围之内。

6.4　项目部门间耦合知识网络共享组织结构

鉴于跨界人和一般知识网络知识共享组织结构在共享高度复杂知识方面的局限性，本节将在第 5 章实证研究证实知识复杂性正向调节社会联结对知识共享促进作用的基础上[90]，设计复杂知识专业领域之间的依赖关系与复杂产品系统企业项目部门间的知识网络之间具有对应关系的耦合知识网络结构并分析其知识共享效果。

6.4.1　耦合知识网络的定义

耦合知识网络是结合复杂产品系统知识的依赖关系而建立的知识网络，知识网络中的社会联结与所要共享的复杂知识领域之间的依赖关系相互对应或耦合。如图 6-3（a）所示的耦合知识网络中，在项目部门 A 内工作的员工 s_j 与项目部门 B 内同一知识领域工作的员工 r_j 具有直接的专业内部知识联系，此外还需要和所有其他与 s_j 的知识领域存在相互依赖关系的员工 s_i（$i \neq j$）建立跨部门跨专业社会联结。知识领域之间存在相互依赖时，需要在项目部门之间建立两个对应专业领域内部的和两个跨专业领域的社会联结。如图 6-3（b）所示，当复杂产品系统的知识不包括知识之间的相互依赖时，只需在项目部门之间与专业知识对应的员工之间建立社会联结。作为对比，图6－3（c）表示没有达到耦合知识网络联结数量的共享结构，而图6－3（d）表示超过耦合知识网络联结数量的共享结构。

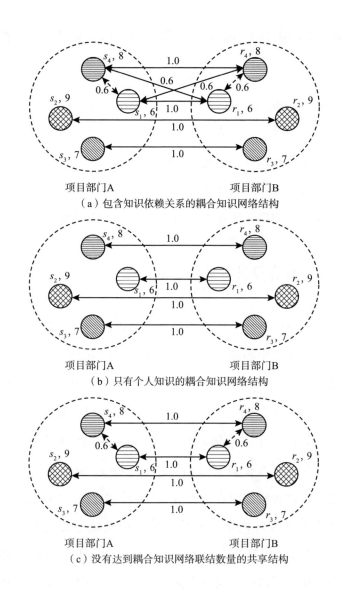

（a）包含知识依赖关系的耦合知识网络结构

（b）只有个人知识的耦合知识网络结构

（c）没有达到耦合知识网络联结数量的共享结构

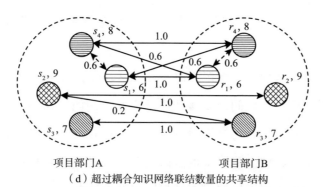

项目部门A   项目部门B

（d）超过耦合知识网络联结数量的共享结构

图 6－3　复杂产品系统项目部门间耦合知识网络组织结构

注：实线箭头表示项目部门间的社会联结，虚线箭头代表知识的相互依赖，直线和圆圈旁的数字分别为模拟实验中的知识依赖强度和知识深度。

　　耦合知识网络与跨界人知识共享组织结构的不同之处有两个方面。首先，跨界人项目部门间知识共享结构是通过跨界人中介将两个项目部门间接联系起来，但耦合知识网络是一个分散的项目部门间结构，在两个项目部门的员工之间提供更广泛的项目部门间直接社会联结。当复杂产品系统项目部门的知识主要是个人知识时只涉及专业内部知识，耦合知识网络采取其最简单的形式，这种最简单的耦合知识网络也提供了比任何形式的跨界人结构具有更广泛的专业知识领域内的社会联结。其次，耦合知识网络中项目部门间社会联结结构取决于要共享的知识的复杂性，而跨界人结构中的社会联结结构不会随知识的复杂性发生直接的对应变化。

　　耦合知识网络与一般知识网络组织结构的不同之处在于建立社会联结的依据不同。一般知识网络中的社会联结一般是自发地形成，没有考虑复杂知识中的依赖关系，主要考虑的是个人离散知识的共享。而耦合知识网络中的社会联结的建立需要首先分析项目部门的复杂知识中所包含的知识依赖关系，并据此建立项目部门间专业领域内的社会联结和具有依赖关系的跨专业跨项目部门社会联结。

实际上耦合知识网络在管理实践中已经存在各种形式用以促进不同项目部门员工之间的直接和广泛交互，例如，我国东西部政府官员轮岗实际上也是耦合知识网络的具体形式，东部官员调到西部任职后在新的岗位上与原来地区的相关人员具有社会联结，并且也会促进新岗位各个下属部门人员与原东部地区各部门人员之间的交流，形成了耦合知识网络。组织内知识接收项目部门的员工到知识来源项目部门的在职培训、项目部门之间对应岗位的轮换都可以使项目部门的员工间建立广泛关系从而形成耦合知识网络。

6.4.2 复杂知识在耦合知识网络中共享的有效性

有效共享集体知识的关键是在不同项目部门的对应专业领域及具有依赖关系的专业领域工作的员工之间建立广泛的直接交互式联系，以满足不同专业领域之间的相互依赖所需要的知识共享需求。与跨界人和一般知识网络结构相比，耦合知识网络在共享包含大量知识依赖关系的复杂知识方面具有优势。

第一，在存在知识依赖关系的员工之间建立社会联结，提高了员工之间知识共享的效用，为员工提供了同步学习的方便，能够更有效地促进复杂知识的共享。正如 第 4 章中关于复杂产品系统知识博弈的分析，如果社会联结的双方具有知识依赖，提高了他们知识共享后的协同知识创造效应收益，从而可以促进不同项目部门员工之间的知识共享。在跨界人知识共享结构中，跨界人和非跨界人之间的沟通增加了时滞，但是在耦合知识网络中允许项目部门中承担相互依赖任务的所有相关员工同时与其他项目部门的对应相关员工直接交流。这种同步知识共享使得项目部门的员工之间更容易在执行相互依赖的任务时对完成任务的方式与原因等取得一致意见，增加共同知识和语言，减少知识差距。在一般知识网络中由于社会联结的随机性和自发性，员工无法同时联系另一个项目部门的各个对应员工，项目部门内先行通过知识共享获得知识的员工在试图将新的知识传播给项目部门内的其他有依赖工作关系的员工时可能会面临很大阻力。而在耦合知识网络中项目部门之间的员工可以直接联系获得相互依赖的知识，同步参与知识共享活动，从而加快了共享新的集体知识的过程。

第二，耦合知识网络在不同项目部门的员工之间建立了专业知识领域内和具有依赖关系的跨专业领域直接交互的社会联结，形成最短通信路径。如图 6-3（a）所示，如果采用跨界人知识共享组织结构，项目部门间的 r_2 和 s_3 在采用一对一跨界人组织结构形式时，共享跨专业知识通信路径的长度包含五次联系，如果采用一对多或者多对一组织结构形式时则包含三次联系。但是，通过耦合知识网络，每次项目部门间跨专业知识共享只需要一次联系。因此，耦合知识网络降低了知识失真和丢失的风险和知识共享的时间延迟。

第三，耦合知识网络能够在共享复杂知识时减少知识超载。在跨界人知识共享组织结构中，当要共享的知识非常复杂时，在项目部门之间共享的集体知识的知识量和知识领域数量可能超过跨界人的能力。已有研究表明，当团队的所有员工参与边界跨越活动而不是依赖有限数量的跨界人时，不仅可以及时获得更多信息，而且团队员工的超负荷工作压力也大大减少[95]。实际上，耦合知识网络为共享集体知识提供了足够的直接联系，不会使项目部门间知识共享参与员工信息过载。

第四，耦合知识网络中广泛的直接联系有助于建立共同的经验规则、共同知识和进一步沟通的参考框架来促进集体知识的共享。当不同知识项目部门内的员工建立直接社会联结进行直接互动时就会形成共同知识。这些共同的认知框架可以帮助参与知识共享的员工相互理解、相互合作，减少解释知识、达成相互理解所需的时间。

除了提供知识共享的认知方面优势外，耦合知识网络还在集体知识共享中提供了项目部门之间知识共享的动机优势。

首先，耦合知识网络中不同项目部门员工之间的直接联系可以帮助员工之间建立社会关系，增加彼此信任，从而促进频繁和深入地沟通，有助于共享深层次的观念、复杂知识中的深层原理。

其次，耦合知识网络使得不同项目部门中参与知识共享的员工能够感知到强烈的授权和自主权。在 6.2.2 节分析跨界人结构时已经提到，与共享个人或离散知识相比，共享集体知识更难以指定分派和衡量结果，因此更难以通过物质奖赏来激励。根据自主理论[207]，自主是内在动机的重要来源。因此，共享集体知识更多地依赖于项目部门中员工的内在动机或职业承诺来促进知识共享过程中的彼此协作。与跨界人结构相比，耦合知识网络提供了一个更加分散式的项目部门间通信结构，可以自由地寻求或提供知识而无须通过任何中间人，允许不同项目部门的员工在知识共享中享有更高水平的自主权。此外，耦合知识网络的分散式跨项目部门组织结构也使员工更容易在本项目部门内共享新的集体知识，这又进一步消除了两个项目部门中提供知识和接受知识的员工的动机实践中的障碍。总之，耦合知识网络可以通过在项目部门员工之间注入更高水平的授权和自主权，更有效地激励知识来源和接收项目部门员工来共享集体知识。

基于以上分析，耦合知识网络在协调和激励集体知识的共享过程中比跨界人和一般知识网络结构更加有效。随着知识复杂性的提高，耦合知识网络在知识共享中的效果优势将会比跨界人和一般知识网络结构更加明显。跨界人和一般知识网络组织结构在共享高度复杂的知识时，知识损失会急剧上升，而耦合知识网络则始终保持低水平的知识损失。

实际上耦合知识网络在共享复杂度低的知识时也比跨界人和一般知识网络结构更加有效。如图 6-3（b）所示，当项目部门间共享的知识主要是个人知识时，耦合知识网络采用其最简单的形式，只涉及不同项目部门员工之间专业领域内部的知识联系。与跨界人结构相比，耦合知识网络允许两个项目部门专业领域对应员工之间的直接联系和更短的沟通路径。与一般知识网络相比，耦合知识网络可以使得所有的员工都能直接与其他项目部门的本领域内员工直接共享知识。耦合知识网络的这些特征有助于减少共享个人知识过程中的知识失真、丢失和时间延迟。直接的专业知识内部联系还可以通过增强社会关系、信任、自主感来更有效地促进知识共享。因此，如果不考虑耦合知识网络的建立和维护成本，耦合知识网络在共享个人知识方面也比跨界人结构更加有效。

6.4.3 耦合知识网络的维护成本与知识溢出风险

在耦合知识网络中，由于项目部门间的单个社会联结都对应复杂知识中的某一个知识元素，相比整体知识的复杂性，单个知识元素的共享难度降低，因此开发和维护单个社会联结所需要的培训、差旅和信息技术支持成本不会随着所共享知识的复杂性而显著增加。但是由于耦合知识网络中社会联结的数量随着知识复杂性的增加而增加，因此开发和维护耦合知识网络的总成本随着知识复杂度的增加而增加。

耦合知识网络中发生知识溢出的风险与一般知识网络类似，但是一旦发生知识溢出导致的成本损失将会较小。这是因为在根据知识依赖关系建立的项目部门间网络中，知识可以更加充分共享，知识溢出后企业的损失也较小。

6.5 项目部门间复杂知识共享效果模拟分析

模拟分析有助于发现难以从理论分析中得到的更精确的管理规律。在之前阐述的复杂产品系统中复杂知识对知识共享效果影响的理论基础上，本节通过模拟两个项目部门之间的知识共享来进一步说明不同知识共享结构对项目部门间知识共享效果的影响。模型涉及两个项目部门，需要共享的知识涉及 N 个专业领域和 Q 个知识依赖关系。

6.5.1 项目部门间复杂知识共享模型

（1）复杂知识。

借鉴简（Jan）在组织学习模拟研究中的建模方法[208]，复杂知识由四元组 $\{N, D, E, Q\}$ 表示，其中 N 表示复杂知识包含的专业知识领域总数，N 维向量 $D = (d_1, d_2, d_3, \cdots, d_{N-1}, d_N)$ 表示复杂知识中包含的个人知识的各个专业领域，d_k 表示复杂知识的第 k 个专业知识领域的知识深度，代表掌握该领域的知识所需要的学历及实践经验年限，在模拟实验中取值范围为 0 到 10 的整数。集体知识的相互依赖结构由 $E_{N \times N}$ 矩阵表示。当专业领域 i 和 j 之间没有相互依赖时，矩阵元素 $e_{ij} = 0$；当 i 和 j 相互依赖时，e_{ij} 为介于 0 到 1 的数值，表示这两个专业领域之间的依赖强度；当 $i = j$ 时，$e_{ij} = 1$，即同一个专业领域内的知识相互依赖度最高。用 Q 表示矩阵 E 中元素 1 的个数，也就是表示专业领域之间相互依赖的总数。

（2）耦合知识网络。

如果项目部门有 N 个专业领域，每个专业领域内有一位员工，矩阵 A 表示两个项目部门之间员工的耦合知识网络，其元素 A_{ij} 取值为 0、1 或 e_{ij}，表示项目部门内的在第 i 个专业领域内的员工 s_i 和另一个项目部门内在第 j 个专业领域内的员工 r_j 之间是否存在项目部门间直接联结及联结强度。式（6-1）表示复杂产品系统项目部门之间共享涉及 N 个专业领域的复杂知识的耦合知识网络中需要的跨项目部门间的社会联结：

$$A_{ij} = \begin{cases} 0 & e_{ij} = 0 \\ e_{ij} & e_{ij} \neq 0 \\ 1 & i = j \end{cases} \qquad (6-1)$$

其中，i 和 $j = 1$，$\cdots$，N。当专业领域 d_i 和 d_j 是相互依赖时（即集体知识 $e_{ij} \neq 0$）时，应该在耦合知识网络中建立项目部门间跨专业知识关系（即 $A_{ij} = e_{ij}$）。反之，如果不存在这种相互依赖性，则不必在 s_i 和 r_j 之间建立和维持项目部门间的跨专业知识联系。

当 $i = j$ 时，专业知识领域 d_i 和 d_j 表示同一知识领域，在复杂产品系统项目部门的同一个专业知识领域内需要建立强度最高的社会联结，因此 $A_{ij} = 1$。

（3）知识网络联结度与耦合度。

影响项目部门间知识网络知识共享效果的第一个关键属性是项目部门之间的知识网络联结度。设矩阵 B 为项目部门间实际建立和维持的社会联结结构，其元素 b_{ij} 为 0 时表示不存在社会联结，为 1 时表示存在社会联结，则项目部门间知识网络联结度为：

$$SC = \sum_{i,j=1}^{N} B_{ij} \qquad (6-2)$$

在耦合知识网络中，不同项目部门之间的员工形成的知识网络与复杂产品系统知识领域之间的依赖关系完全耦合，根据之前的分析这时项目部门间的知识共享效果最高。而在一般的知识网络中，存在依赖关系的知识共享效果随缺少的与知识依赖对应的社会联结数而下降。为了表示知识网络与复杂产品系统知识依赖之间的匹配程度引入知识网络的第二个关键属性即知识网络耦合度，包括知识网络专业领域内社会联结耦合度和跨专业社会联结耦合度，其中专业领域内社会联结耦合度为：

$$KC_{within} = \frac{\sum_{1 \leq i = j \leq N, A_{ij} \neq 0} B_{ij}}{\sum_{1 \leq i = j \leq N} |A_{ij}|} \qquad (6-3)$$

跨专业领域社会联结耦合度为：

$$KC_{across} = \frac{\sum_{1 \le i \ne j \le N, A_{ij} \ne 0} B_{ij}}{\sum_{1 \le i \ne j \le N} |A_{ij}|} \qquad (6-4)$$

其中，B_{ij} 表示知识网络中在某个项目部门的员工 i 与另一个项目部门的员工 j 实际存在的项目部门间社会联结，分子表示两个项目部门间实际建立的与知识依赖对应的社会联结数量，分母表示在耦合知识网络中存在的项目部门间社会联结数量。由于知识专业领域和员工——对应，因此 $i = j$ 时表示专业领域内的社会联结，$i \ne j$ 表示跨专业领域的社会联结。

项目部门间缺失知识专业领域内社会联结与缺失跨专业社会联结对项目部门间知识共享效果的影响是不同的。因此分别引入知识专业领域内社会联结影响系数 t_{within} 和跨专业领域社会联结影响系数 t_{across}。这两个系数的值都介于 0 与 1，值越大表示社会联结缺失对项目部门间知识共享效果的负面影响越大，专业领域内社会联结缺失应该比跨专业领域社会联结缺失对项目部门间知识共享效果有更大的负面影响，因此 $t_{within} < t_{across}$。

项目部门间缺失知识专业领域内社会联结与缺失跨专业社会联结对知识共享效果的综合影响系数 KC 为：

$$KC = 1 - t_{within}KC_{within} - t_{across}KC_{across} \qquad (6-5)$$

（4）员工知识共享负荷与知识共享有效概率。

项目部门之间的知识共享组织结构的设计决定知识负荷在员工之间的分布。施加在员工 i 上的知识共享负荷 v_i 由 i 所在的专业领域依赖情况与实际社会联结情况决定：$v_i = n_i + q_i$，其中 n_i 表示员工 i 本身所从事的知识专业领域及通过社会联结所涉及的知识领域的数量所导致的知识共享负荷，这些社会联结在耦合知识网络中与知识依赖一一对应，而在一般社会网络中则不一定对应。项目部门间社会联结所带来的知识领域负荷为：

$$n_i = \sum_{j=1,b_{ij}\neq 0}^{N} e_{ij}d_j \tag{6-6}$$

在同样的知识领域负荷情况下，可以有不同的社会联结状况，社会联结越多会导致所需要处理的信息与知识量越多，并且与社会联结所关联的双方所在的专业领域深度与依赖强度有关。当双方所在的专业领域实际上不存在相互依赖时，双方维持社会联结仍需要处理一定的信息和知识量，根据经验规则确定此时的强度系数为 0.2。因此定义社会联结所涉及的信息与知识量所导致的知识共享负荷为：

$$q_i = \sum_{j=1,b_{ij}\neq 0,e_{ij}\neq 0}^{N} e_{ij}\min\{d_i,d_j\} + \sum_{j=1,b_{ij}\neq 0,e_{ij}=0}^{N} 0.2\min\{d_i,d_j\}$$

$$\tag{6-7}$$

在图 6 - 3（a）所示的结构中，员工 r_1 通过项目部门间社会联结 $r_1 - s_4$ 涉及 s_4 知识专业领域导致的知识领域负荷 $n_{r1} = 0.6 \times 8 = 4.8$，通过项目部门间联结 $s_1 - r_1$、$s_4 - r_1$ 共享知识，则知识共享负荷 $q_{ri} = 0.6 \times 6 + 1.0 \times 6 = 9.6$。因此，员工 r_1 所需要的总知识负荷量 $v_{r1} = n_{r1} + q_{r1} = 15.4$。

考虑到员工知识能力的有限性，员工知识处理活动的准确性将随着知识负荷的增加而降低[95]。员工 i 进行准确知识处理的可能性 $p(i)$ 随着需要处理的知识依赖数量的增加而减小：$\frac{\partial}{\partial q_i}p(i) = -C_q$，其中 q_i 为员工 i 需要处理的知识依赖数量，C_q 是知识依赖负荷系数，其大小决定了知识共享准确度相对于知识依赖数量的衰减程度。同样，$p(i)$ 随着员工 i 处理的知识领域数量的增加而减小：$\frac{\partial}{\partial n_i}p(i) = -C_n$，其中 n_i 是员工 i 需要处理的知识领域数量，C_n 是表示知识共享准确度相对于知识领域数量衰减的知识领域负荷系数。综合知识依赖数量和知识领域数量负荷的影响，在模拟实验中采用公式 $p(i) = 1 - C_n n_i - C_q q_i$ 计算知识依赖负荷和知识领域负荷对员工处理知识准确性的影响，其中指数越大，表示随着负荷增加衰减程度越高。员工 i 和 j 有效共享知识的概率是 $p(i, j) = p(i) \, p(j)$。

（5）项目部门间有效知识共享的总概率。

考虑员工知识负荷和知识网络耦合度后的项目部门 P_1 和项目部门 P_2 间通过知识网络有效知识共享的总概率为：

$$p = KC \prod_{1 \leqslant i \leqslant N} p(i) \qquad (6-8)$$

对于图 6-3（a）中的项目部门间社会联结结构，复杂知识的参数为 $n=4$、$q=1$ 和 $e_{14}=1$。项目部门间准确知识共享的概率是 $p(s_1、s_4、r_1、r_4) \, p(s_2、r_2) \, p(s_3、r_3)$，其中 $p(s_1、s_4、r_1、r_4)$ 表示从员工 s_1 和 s_4 到员工 r_1 和 r_4 有效共享相互依赖的知识领域 d_1 和 d_4 的概率。由于项目部门间缺少两个跨专业领域的社会联结，因此 $p(s_1、s_4、r_1、r_4) = KCp(s_1、r_1) \, p(s_4, r_4)$，其中 $KC = 2/4$。因此，项目部门间有效知识共享的概率是 $KCp(s_1、r_1) \, p(s_4, r_4)$ $p(s_2、r_2) \, p(s_3、r_3)$，其中每个概率 $p(i, j)$ 根据各个员工的知识依赖数量和知识领域数量的负荷进行计算。

在跨界人知识共享组织结构，由于全部知识通过跨界人进行知识共享，因此不必考虑知识网络耦合度，只需要考虑知识负荷因素。对于图 6-1（a）中跨界人结构，有效共享知识 $\{d_1、d_2、d_3、d_4\}$ 的概率是：

$p(s_1, s_2)p(s_1, s_3)p(s_1, s_4)p(s_1, r_1)p(r_1, r_2)p(r_1, r_3)p(r_1, s_4)$

如果跨界人 s_1 和 r_1 没有知识过载，那么项目部门间知识共享的准确性将很高。反之，如果跨界人知识过载，则 $p(s_1, s_4)$ 的值很低，此时即使除了跨界人之外的所有其他员工都没有知识过载，最终知识共享的准确率也会很低。

（6）项目部门间复杂知识共享有效性指标——知识共享准确度。

复杂产品系统项目部门间知识共享有效性采用知识共享准确度作为衡量指标，表示在项目部门知识共享后二者所拥有知识的匹配程度：$\rho = m/n$，其中 ρ 是介于 0 和 1 的知识共享准确度，n 是项目部门内专业领域的总数，m 是两个项目部门之间能够匹配的知识领域的数量。匹配不仅考虑项目部门间的复杂知识向量之间具有相同值的位数，而且必须考虑复杂知识内部领域之间的相互依赖性。例如，考虑以下情况：$n = 3$，$q = 1$，知识来源项目部门知识向量 $D_s = (0 \quad 1 \quad 1)$，$E_{12} = 1$，其他所有 $E_{ij} = 0$。因为知识领域 d_1 和 d_2 相互依赖，所以它们的值必须同时匹配。如果知识共享后接收项目部门的知识向量为 $D_r = (0 \quad 0 \quad 1)$，那么知识共享准确度 $\rho = 1/3$ 而不是 $2/3$，因为给定 $E_{12} = 1$，项目部门之间只有 d_3 匹配。如果 $q = 0$，$E_{12} = 0$，则知识共享准确度为 $\rho = 2/3$。即如果不存在知识领域之间的相互依赖（即 $q = 0$），m 就是项目部门之间匹配知识领域的总数。这种知识共享准确性指标反映了复杂知识领域之间相互依赖的重要性。

6.5.2 模拟过程与参数设置

复杂产品系统项目部门间知识共享模拟分析按四个步骤顺序进行。第一步，建立复杂产品系统知识属性参数和项目部门间耦合知识网络结构初始条件。这个过程包括初始化知识来源项目部门和接受项目部门的复杂知识 n 维向量和知识领域之间相互依赖关系的矩阵。第二步,在每个时间段 t,知识来源和接受项目部门参与知识共享过程,重复该过程直到完成所有项目部门知识的共享。第三步,对于给定的一组固定的模拟参数,重复前面两个步骤 n 次,然后计算知识共享有效性平均值。通过对一系列复杂产品系统项目部门间知识共享组织结构模拟确定知识共享组织结构对复杂知识共享有效性的影响。第四步,进行敏感性分析,评估信息负荷、社会联结系数和跨界人能力参数对知识共享有效性的影响。

模拟分析所用的参数及在后续敏感性分析中所用到的各种取值见表 6-1。除非另有说明,所有模拟中使用的默认参数值为 $N = 10$,$Q = 5$,$C_k = 0.05$,$C_n = 0.08$,$t_{within} = 0.03$,$t_{across} = 0.02$。

表 6-1 　　　　　　　　项目部门间复杂知识共享模拟参数

变量符号	变量名称	默认参数取值
N	复杂知识包含的专业领域数量	10, 15, 20
d_i	专业领域的知识深度	1 到 10 随机取整数
Q	复杂知识包含的专业领域依赖数量	1, 5, 10
e_{ij}	专业领域之间的知识依赖强度	0 到 1 随机选取
C_q	员工准确处理知识随知识依赖负荷而衰减系数	0.05, 0.1, 0.2
C_n	员工准确处理知识随知识领域负荷而衰减系数	0.08, 0.12, 0.25
t_{within}	知识专业领域内社会联结影响系数	0.03, 0.1, 0.3
t_{across}	跨知识专业领域社会联结影响系数	0.02, 0.08, 0.15

6.5.3 跨界人与耦合知识网络的知识共享效果对比

首先对比分析知识复杂性对跨界人和耦合知识网络两种知识共

享结构有效性的影响，图6-4显示了这两种知识共享结构下随着复杂度的增加知识共享准确性的变化趋势。可以看出随着知识依赖数量 Q 的增加，跨界人结构与耦合知识网络结构的知识共享准确性之间的差距增大，但耦合知识网络的知识共享效果始终高于跨界人结构。当 Q 值较高时，跨界人结构的知识共享准确性降低为零，导致知识共享完全失败，而耦合知识网络结构即使在 Q 值很高的情况下也能保持合理的知识共享效果。其次，对比知识领域数量 N 在分别为10、15和20时的知识共享效果，耦合知识网络的有效性没有显著差异，而表示跨界人结构知识共享有效性的函数曲线却明显下移，表示跨界人结构在知识领域数量增加时知识共享有效性降低。综合以上效果，知识领域数量对耦合知识网络的知识共享效果没有显著影响，知识依赖数量对知识共享效果有小幅影响；知识领域数量和知识依赖数量对跨界人结构都有显著负向影响，知识共享效果随知识复杂性增加而递减。这说明相比于跨界人结构，耦合知识网络是更适合复杂知识共享的结构形式。

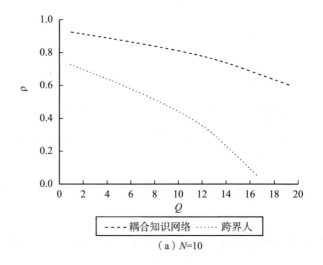

（a）N=10

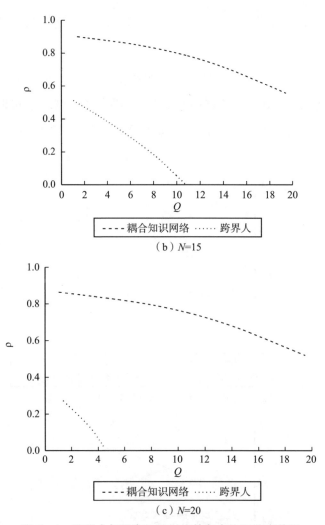

（b）N=15

（c）N=20

图6-4 跨界人与耦合知识网络的复杂知识共享效果

6.5.4 一般知识网络与耦合知识网络的知识共享效果对比

一般知识网络就是企业在缺乏对知识的各个子领域和领域之间依赖关系详细分析的情况下盲目地增加项目部门之间的社会联结以

提高知识共享效果，实验中通过在项目部门之间逐渐随机增加社会联结来模拟。

图 6 – 5（a）显示了在知识领域数量 $N = 10$ 的情况下，知识依赖数量 Q 取不同值时一般的知识网络与耦合知识网络中知识共享效果随社会联结数量的变化情况。可以看出耦合知识网络的知识共享

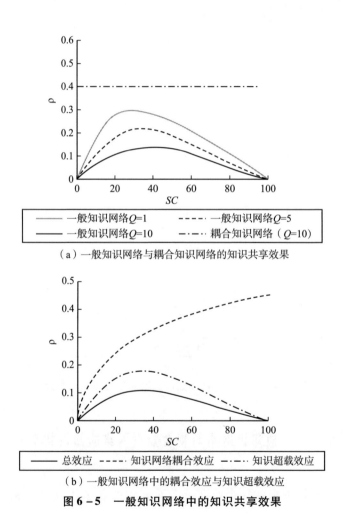

（a）一般知识网络与耦合知识网络的知识共享效果

（b）一般知识网络中的耦合效应与知识超载效应

图 6 – 5　一般知识网络中的知识共享效果

效果始终高于一般知识网络中的知识共享效果，并且不随项目部门间的社会联结数量发生变化，这是由于耦合知识网络根据知识依赖关系建立社会联结，额外增加项目部门间社会联结并不会影响知识依赖关系与社会联结的对应关系，所以知识共享效果保持不变。对于一般知识网络，在 $Q = 1$，5，10 三种递增的知识复杂性水平下，社会联结数量相同时，知识复杂性水平越高，知识共享的效果越低，这是由于一般知识网络中没有考虑知识依赖关系，知识复杂性越高，相同的项目部门间社会联结情况下就会缺乏更多的知识依赖对应的社会联结，从而知识共享的能力就越弱。

在相同 Q 值情况下，项目部门间知识共享效果与项目部门间社会联结数量呈倒"U"形关系。在达到某一阈值之前增加项目部门间社会联结有利于知识共享，但超过该阈值后的额外联结反而会降低知识共享的效果。这一发现不同于已有的网络连通性与知识共享准确性之间存在正相关的研究结论[52,201]。这说明项目部门之间的知识共享结构优化设计不能只考虑到社会联结所带来的知识共享机会，还必须考虑大量社会联结所带来的知识超载和员工有限的吸收能力。在模拟分析中，增加项目部门间社会联结可以理解为由于缺乏足够完整的知识元素间相互依赖关系而试验寻找有效的项目部门间社会联结。模拟结果表明通过增加项目部门间社会联结试验可以帮助寻找有效的项目部门间知识共享结构，但这种帮助只能在一定程度上有效，社会联结增加到一定数量时，信息超载与有限的吸收能力的矛盾更加突出，导致知识共享效果反而下降。

图 6 – 5（b）显示了知识网络耦合度和信息超载对知识共享效果的不同影响。短虚线表示仅包含知识网络耦合度对知识共享效果

的影响，带点虚线表示仅包含信息超载对知识共享效果的影响，实线表示这两种因素的共同作用效果。如果只考虑信息超载效应，当项目部门间过多的社会联结带来过多的信息流时，无关的信息导致员工信息超载，从而降低知识共享的准确性。如果只考虑知识耦合效应，则项目部门间知识共享的效果随项目部门间社会联结数量的增加而提高。因此，知识超载效应导致知识共享效果与项目部门间社会联结数量呈倒"U"形关系。如果只考虑知识网络耦合度，项目部门间的每个社会联结都增加了复杂知识的部分成分，更多的项目部门间社会联结有助于提高知识共享准确性。因此，如果只考虑知识网络耦合效应，复杂知识共享的效果相对于项目部门间的社会联结数量单调增加。

6.5.5 耦合知识网络中社会联结对知识共享效果的影响

在对比了跨界人、知识网络与耦合知识网络的知识共享效果基础上，接下来模拟分析项目部门间耦合知识网络中社会联结增加或者减少对复杂知识共享效果的影响。

首先，随机从完全耦合的集体网络结构中减少项目部门间专业领域内或跨专业的社会联结，以此检验耦合知识网络中减少社会联结对知识共享效果的影响。图 6-6 显示了不同知识复杂度情况下知识共享效果随着社会联结数量的变化情况。在 N 和 Q 的各种取值情况下，随着项目部门间社会联结数量的减少知识共享效果逐渐降低。原因是专业领域内部和跨专业知识社会联结的不足导致了复杂知识共享不充分。

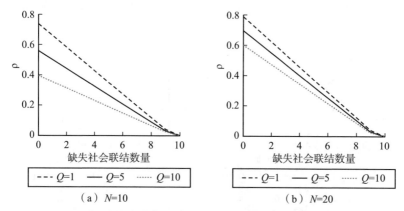

（a）N=10　　　　　（b）N=20

图 6 - 6　减少社会联结对项目部门间知识共享效果的影响

　　其次，在耦合知识网络结构基础上逐步随机增加项目部门间社会联结，以此检验耦合知识网络中增加社会联结对知识共享效果的影响。图 6 - 7 显示了不同知识复杂度情况下知识共享效果随着社会联结数量的变化情况。在 N 和 Q 的各种取值情况下，随着项目部门间冗余社会联结的增加知识共享效果逐渐降低。员工之间冗余的专业领域内部和跨专业知识社会联结给员工带来不必要的信息与知识负荷，特别是与员工专业领域不相关的社会联结所带来的知识领域负荷会导致更加严重的知识超载。此外比较图 6 - 7（a）和（b）可以看出，对于给定的复杂度 Q 和冗余联结数量，当知识的专业领域数 N 增加时知识共享效果都会提高。内在原因是知识网络与知识依赖完全耦合所需要的社会联结数量随 N 和 Q 呈线性增加，而项目部门间社会联结的可能组合数是 N^2，更多的专业领域虽然涉及更大的知识负荷，但是由冗余社会联结引起的额外知识领域数量和知识依赖数量会更均匀地分配到 N 个员工。

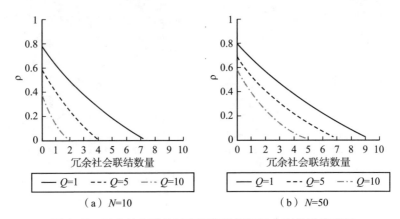

（a）N=10　　　　　　　　　（b）N=50

图6-7　冗余社会联结对项目部门间知识共享效果的影响

6.5.6　敏感性分析

首先，改变各个参数的值后重复整个模拟过程以评估模型参数对模拟结果的敏感性。敏感性检查的参数及其相应取值见表6-1。敏感性结果表明改变参数对于知识共享效果的具体数量水平存在影响，但项目部门间的知识共享结构对知识共享效果影响的总体趋势结论在所有参数取值中都保持不变。

对于给定的知识领域数量和知识依赖数量，当知识领域负荷系数和知识依赖负荷系数的值增加时，知识共享效果降低。特别是当知识领域负荷系数和知识依赖负荷系数的值较高时，跨界人知识共享结构的知识共享效果比知识网络和耦合知识网络受到的负面影响更大。这种效应与增加知识领域数量 N、增加知识依赖数量 Q 对知识共享效果的影响类似。

对于给定的知识网络专业领域内耦合度和跨专业耦合度，当专业领域内的社会联结系数和跨专业领域社会联结影响系数增加时，一般知识网络和耦合知识网络之间的共享效果差距增加。当专业领域之间的依赖性增加时，复杂产品系统企业建立项目部门间的耦合知识网络对于提高知识共享效果尤为重要。

模型分析中将跨界人能力等同于项目部门中的其他一般员工，但实际上跨界人的能力应该高于一般员工。在模拟分析中引入跨界人能力参数减弱知识负荷对跨界人知识共享效果的影响，结果表明在复杂度较低时跨界人结构优于耦合知识网络结构，但超出阈值时耦合知识网络结构仍然优于跨界人结构。

6.6　理论与实践意义

复杂产品系统企业由于复杂知识专业领域之间的依赖关系使得在项目部门间的有效知识共享面临挑战。本章通过理论分析和模拟实验研究表明选择合适的项目部门间知识共享结构有助于促进项目部门间复杂知识共享。

首先，通过理论分析揭示了依据复杂知识元素知识依赖关系建立项目部门间跨专业领域社会联结对于复杂知识共享的重要性。复杂知识在项目部门间有效共享的关键是理解知识领域之间所有的相互依赖关系。项目部门间社会联结与复杂知识领域之间的相互依赖关系相耦合，可以有效地帮助项目部门的员工了解不同专业领域之间相互依赖的性质和影响，从而帮助他们更好地沟通和理解，提升他们的共同语言与知识共享能力。

其次，提出了结合复杂产品系统知识元素之间依赖关系的耦合知识网络概念，比较了复杂知识对跨界人、一般知识网络和耦合知识网络三种项目部门间知识共享结构的影响效果。通过耦合知识网络、跨界人和一般知识网络的比较，指出了耦合知识网络在项目部门间共享复杂知识方面的独特优势，例如直接的项目部门间跨专业知识社会联结可以减少知识损失、失真和时间延迟，同时减轻了知识共享过程中的知识负荷，增加了员工间的信任、更多的自主权或赋权从而提升激励水平。

最后，模拟研究表明跨界人共享组织结构随着知识复杂性的提高而知识共享效果逐渐降低，并且随着知识复杂性提高与耦合知识网络的差距进一步增加。在项目部门之间的一般知识网络中知识共享效果随着社会联结数量增加而提高，但社会联结度水平达到一定阈值后知识共享效果反而下降。在耦合知识网络中增加社会联结或减少社会联结都会导致知识共享效果下降。

本章研究结果的实践意义在于为选择与知识复杂度相匹配的项目部门间知识共享结构提供指导。复杂产品系统企业首先考虑其所要在项目部门间共享的知识是否具有较高复杂度。如果项目部门间共享的知识为独立的个人知识，就可以采用跨界人知识共享结构。而复杂产品系统的研发和生产、实施等领域的知识通常涉及不同子专业领域的高度复杂知识。为了在项目部门间共享这些复杂知识，就需要采用一般知识网络共享或者耦合知识网络结构，因为有些知识元素的相互依赖性在项目开始时还没有预料到，只有在通过实践学习后才能发现，因此具体选择需要根据企业目前对知识内部各子专业领域及其之间的相互依赖关系是否已经掌握来决定。在产品系统的研发项目初期阶段，项目成熟度低，在缺乏完整的复杂产品系统知识领域之间相互依赖关系的情况下，由于知识内部各子专业领域及其之间的相互依赖关系还未能完全清晰，复杂产品系统企业可以通过尝试在项目部门间建立一般知识网络结构进行项目部门间知识共享。随着项目成熟度提高，各自专业领域及其相互依赖关系掌握较充分，就可以向耦合知识网络过渡。

在采用耦合知识网络时，需要根据涉及的要共享知识的子专业领域之间的相互依赖性来决定耦合知识网络的具体结构关系。例如，如果要共享的复杂产品系统的研发知识涉及 K 个专业领域之间的相互依赖，那么项目部门之间的耦合知识网络应该包括这些领域之间的跨部门专业内和跨专业社会联结。即在一个项目部门内其中一个领域内工作的员工应该与另一个项目部门的所有 K 个领域的员工建立直接社会联结，包括一个专业领域内社会联结和 $K-1$ 个跨专业社会联结。这些项目部门间社会联结将有助于共享双方了解项目部门的研发知识的总体情况，从而更有效地在理解相互依赖关系的基础上共享知识，更容易理解新知识对其他相关领域的潜在影响，进而更有效地提高知识协同创造效应，提升复杂产品系统的创新水平和安全运行水平。

6.7　本 章 总 结

复杂产品系统项目部门间知识共享能够为企业带来竞争优势，同时也面临特殊困难。从知识处理、信息超载和激励角度分析了项目部门之间实现知识共享的跨界人和一般知识网络组织形式难以适应复杂产品系统高度复杂知识的原因，提出了结合复杂知识元素之间依赖关系的耦合知识网络共享组织形式。并通过定义复杂知识、知识网络联结度与耦合度、知识负荷等关键变量模拟了复杂知识对三种知识共享组织形式的影响，模拟分析结果表明跨界人共享组织形式的知识共享效果随知识复杂性的增加而加速递减。一般知识网络的知识共享效果在相同知识复杂度时随社会数量递增，但达到一定阈值时反而下降，在相同社会联结数量时随知识复杂性提高而下降。耦合知识网络中的知识共享效果随知识复杂性提高而下降的速度低于跨界人和一般知识网络。

第7章

复杂产品系统企业间知识
共享利益分配

7.1 引　　言

由于企业是独立的利益主体，只有在解决好企业之间的知识共享利益分配基础上，企业才可能安排相关组织部门和人员，并创造个人间知识共享的条件和影响环境，在适当的项目部门间知识共享组织结构基础上参与企业之间的知识共享。

复杂产品系统的生产网络中，核心制造企业会协调部件供应商之间的知识共享[38]。如流程改进是复杂产品系统企业之间知识共享的重要内容，贝利（Baily）等研究了工业从 1987～2002 年的生产率增长，发现 45% 的增长是通过装配工厂的流程改进取得的[209]。在航天产业中核心航天企业会建立供应商知识共享网络，组织参观优秀供应商的设施以便其他供应商学习最佳实践并改进流程。

核心制造企业如果只是简单协调供应商之间的流程优化知识共

享，则由于供应商企业没有利益驱动，易导致以下问题：一方面在其他供应商参观学习时很可能会保留比较关键的流程改进，另一方面是供应商对流程优化的投入动力不足，难以达到最优流程水平。

复杂产品供应链系统中核心制造商为了整体供应链的竞争优势协调供应商在各自进行流程优化基础上参与流程知识共享，为此需要从供应商的利益最大化出发证明自利的供应商之间流程知识共享的可行性以及确定收益分配方式以提高流程优化水平与知识共享程度，并分析供应商的优化策略。本章建立流程优化非合作博弈和流程知识共享合作博弈两阶段博弈模型，证明知识共享合作博弈核心的非空性及核心的解析式，给出可以达到整体最优流程优化水平的收益分配方式和各供应商在流程优化博弈中的三种策略选择及均衡结果，计算不同参数下对最优流程优化水平和收益分配的影响。

采用安德烈亚斯（勃兰登伯格）和斯图亚特（Brandenburger and Stuart）提出的非合作博弈和合作博弈两阶段博弈模型[210]分析供应商的流程知识优化和知识共享。第一阶段为流程优化投入非合作博弈，第二阶段为流程知识共享合作博弈，第二阶段的收益分配是第一阶段博弈策略选择的依据。但不同于一般两阶段博弈中采用信心指数计算合作博弈的预期分配，在第二阶段合作博弈的核心中找出能够获得系统最佳优化水平的分配。第二阶段流程知识共享采用合作博弈建模的原因是共享网络中有核心企业的约束，如果不参与就会失去核心企业的合作，参与到集体学习中比单独流程优化长远看有更多收益，且供应商产品互补不存在竞争。在此基础上需要证明流程知识共享合作博弈核心的非空性及核心的解析式，然后进一步分析能够导致整体最优流程水平的收益分配方法及各个供应商在第一阶段的流程优化策略。

7.2　复杂产品流程优化的两阶段博弈假设与参数

假设复杂产品供应链由一个核心企业和 n 个供应商组成，供应商集合为 $\{1, 2, \cdots, n\}$。不同供应商生产互补的产品，即它们之间不存在竞争。不失一般性，假设一个单位的最终产品由来自每一个供应商的一个部件构成，最终产品单位时间需求量为 $\lambda > 0$，供应商 i 的单位可变成本为 $h_i > 0$。

供应商首先在第一阶段非合作博弈中各自进行流程优化。降低生产准备成本是流程优化项目中的重要目标，因此借鉴伯恩斯坦和克奥克（Bernstein and Koek）的研究[107]，在模型中以生产准备成本代表流程优化的程度，准备成本越低，流程优化水平越高。供应商 i 初始流程水平和目标流程优化水平下的准备成本分别以 $\overline{K}_i$ 和 K_i 表示。流程优化投入函数也采用其研究中递减的凸函数 $g_i(K_i \mid \overline{K}_i) = b\ln(\overline{K}_i/K_i)$，其中 b 表示达到相同优化水平的难度系数。该函数表示从目前流程水平 $\overline{K}_i$ 优化到水平 K_i 所需的投入。根据最优生产批量模型流程优化后最优生产批量 $Q_i^* = \sqrt{2\lambda K_i/h_i}$，批量成本为 $\sqrt{2\lambda h_i K_i}$，为计算简便取 $2\lambda = 1$。

在流程优化结束后各供应商参与核心企业组织的第二阶段流程知识共享合作博弈。通过共享所有供应商达到优化水平最高的供应

商的流程水平 $K_N := \min_{i \in \mathbf{N}} \{K_i\}$，批量成本降低到 $c^N(i) = \sqrt{h_i K_N}$。流程知识共享结束后核心制造商进行收益分配，要求每个供应商共享收益 t_i，t_i 为正时表示供应商需付出 t_i，t_i 为负时表示获得共享收益。

供应商对合作博弈收益分配的预期将决定其流程优化投入程度，因此需要首先确定合作博弈收益分配的方法，即求出所有能使合作稳定的分配的集合，即核心。

7.3 复杂产品流程知识共享的合作博弈核心

供应商流程知识共享的合作博弈为二元组 (N, v)，特征函数 $v: 2^N \to R$ 将供应商构成的子集 S 映射为子集 S 中供应商流程知识共享后节约的批量成本之和 $v(S) = \sum_{i \in S} v^S(\{i\})$，$v^S(\{i\}) = \sqrt{h_i \overline{K_i}} - \sqrt{h_i K_S}$，其中 $K_S := \min_{i \in S} \{K_i\}$，$v(\varnothing) = 0$。定义共享网络优化后的总批量成本函数 $c(S) = \sum_{i \in S} \sqrt{h_i K_S}$。可以看出 $v(S) = \sum_{i \in S} \sqrt{h_i \overline{K_i}} - c(S)$，由于第一项为常量，所以博弈 (N, v) 和博弈 (N, c) 等价，后文针对博弈 (N, c) 进行分析。对于 $S \subset T \subset N$，有 $\sqrt{h_i K_S} \geqslant \sqrt{h_i K_T}$，因此供应商在知识共享后的批量成本随共享网络规模递减，并且对于 $S, T \subset N$，$S \cap T = \varnothing$，有 $c(S) + c(T) \geqslant c(S \cup T)$，即成本函数具有次可加性，形成共享网络符合供应商的集体利益，关键问题就是如何分配收益。合作博弈中的核心表示满足个体理性和集体理性的收益分配，因此问题实质就是研究核心的非空性问题及核心

解析式。定义流程知识共享博弈 (N, c) 的核心为集合 $C(N, c) = \left\{ x \in R^N \mid \sum_{i \in N} x_i = c(N), \forall S \subset N, \sum_{i \in S} x_i \leqslant c(S) \right\}$，核心中的元素 x 表示流程知识共享后供应商应分担的成本，包括共享后的批量成本和共享成本，元素 x 必须满足有效性及个体和集体理性原则。

定理 7 - 1　流程优化知识共享博弈 (N, c) 的核心非空。

证明：基本思路是证明根据供应商以任意顺序加入流程知识共享博弈的边际贡献实行的收益分配属于核心。首先定义 $\Pi(N)$ 为供应商集合 N 所有置换的集合。$\sigma \in \Pi(N)$，$\sigma(i)$ 表示供应商 i 在排列 σ 中的位置序号，$\sigma^{-1}(i)$ 表示位置序号 i 所在的供应商。$P_i^\sigma = \{ j \in N \mid \sigma(j) < \sigma(i) \}$ 表示 σ 中 i 的前驱的供应商集合。由排列 σ 确定的边际矢量定义为 $m^\sigma(N, c) = (m_i^\sigma(N, c))_{i \in N}$，其中 $m_i^\sigma(N, c) = c(P_i^\sigma \cup \{i\}) - c(P_i^\sigma)$。由 $\sum_{i \in N} m_i^\sigma(N, c) = c(N)$ 得边际矢量是对 $c(N)$ 的一种分配。不失一般性，假设 $K_1 \leqslant K_2 \leqslant \cdots \leqslant K_n$，$\sigma^{-1}(1)$ 为准备成本最低的供应商。可以证明 S 包含 $\sigma^{-1}(1)$ 时 $\sum_{i \in S} m_i^\sigma(N, c) = c(S)$，$S$ 不含 $\sigma^{-1}(1)$ 时 $\sum_{i \in S} m_i^\sigma(N, c) \leqslant c(S)$，故 $m^\sigma(N, c)$ 属于核心，核心非空说明供应商参与流程知识共享能够获得更多收益。

由于供应商参与的共享网络规模越大，知识共享后的批量成本越低，故定义供应商 i 由于参加流程知识共享网络规模扩大而降低的批量成本为函数 $d_i(S, T) = \sqrt{h_i K_S} - \sqrt{h_i K_T}$，其中 $S \subset T$，$i \in S$。

所有供应商的准备成本构成的矢量记为 $\vec{K}$，准备成本最低的供应商构成的集合记为 $E(N, \vec{K})$，该集合中的供应商参加知识共享后将流程知识共享给其他供应商，其他供应商的成本将会降低，因此应当支付一定报酬给 $E(N, \vec{K})$ 中的供应商，由此形成的成本分配集合记为 $D(N, \vec{K})$，其形式化定义为：

$$D(N, \vec{K}) = \{x \in R^n \mid t \in R^n$$

$$x_j = \sqrt{h_j K_j} - \sum_{i \in N \setminus \{j\}} t_i, j \in E(N, \vec{K}) \cdots\cdots(a)$$

$$(7-1)$$

$$x_i = \sqrt{h_i K_N} + t_i, t_i \geq 0, \ \forall i \in N \setminus \{j\} \cdots\cdots(b)$$

$$\sum_{i \in S} t_i \leq \sum_{i \in S} d_i(S, N), \ \forall S \subset N \setminus \{j\} \cdots\cdots(c)$$

其中，t 表示收益分配向量，式（7-1）（a）表示知识输出供应商获得共享收益，式（7-1）（b）表示知识受益供应商共享收益，式（7-1）（c）表示任意供应商子集共享收益之和不超过参加知识共享所降低的批量成本。下面在定理 7-1 的基础上进一步证明流程知识共享博弈核心的解析式。

命题 7-1 知识共享博弈的核心 $C(N, c) = D(N, \vec{K})$。

证明：不失一般性，假设 $K_1 \leq K_2 \leq \cdots \leq K_n$。只需证明 $C(N, c) \subseteq D(N, \vec{K})$ 且 $D(N, \vec{K}) \subseteq C(N, c)$。

（1）$C(N, c) \subseteq D(N, \vec{K})$ 取 $x \in C(N, c)$，则 $\forall i \neq 1$，$x_i - c^N(\{i\}) = \sum_{j \in N \setminus \{i\}} [\sqrt{h_j K_N} - x_j] \geq \sum_{j \in N \setminus \{i\}} \sqrt{h_j K_N} - c(N \setminus \{i\}) = 0$。

（2）$D(N, \vec{K}) \subseteq C(N, c)$ 取 $x \in D(N, \vec{K})$，为证明 $x \in C(N, c)$，只需证明对于任一非空联盟 $S \subset N$，满足 $\sum_{i \in S} x_i \leq c(S)$。首先假设包含供应商 1，则 $x_1 + \sum_{i \in S \setminus \{1\}} x_i = c(S) - \sum_{i \in N \setminus S} t_i \leq c(S)$，假设 S 不包含供应商 1，则 $\sum_{i \in S} x_i \leq \sum_{i \in S} \sqrt{h_i K_N} + \sum_{i \in S} d_i(S, N) = \sum_{i \in S} \sqrt{h_i K_S} = c(S)$。

综合（1）和（2），命题 7-1 得证。核心的解析式将会用以确定第一阶段非合作博弈中的收益。

命题 7 - 2 当 $E(N, \vec{K}) \geq 2$ 时流程知识共享博弈的核心 $C(N, c) = D(N, \vec{K})|_{t_i=0}, \forall i \in N$。

证明：当 $E(N, \vec{K}) \geq 2$，$j \in E(N, \vec{K})$ 时，$K_j = K_N$ 且 $\forall i \in N$，$K_N = K_{N\setminus\{i\}}$，故 $(a) \sum_{i \in N} M_i(N, c) = \sum_{i \in N} \sqrt{h_i K_N} = c(N)$。对核心定义中 $\sum_{i \in S} x_i \leq c(S)$ 式的 S 取值为 $N\setminus\{i\}$ 得 $(b) \sum_{j \in N\setminus\{i\}} x_j \leq c(N\setminus\{i\})$。据核心定义得 $(c) \sum_{j \in N} x_j = c(N)$。公式 (c) 减公式 (b) 得 $x_i \geq c(N) - c(N\setminus\{i\}) = M_i(N, c)$。如果 $x_i > M_i(N, c)$，则 $\sum_{i \in N} x_i = c(N) > \sum_{i \in N} M_i(N, c)$，与结论 (a) 矛盾，所以 $x_i = M_i(N, c) = \sqrt{h_i K_N}$，所构成的集合也相同，故 $C(N, c) = \{M(N, c)\} = \{\sqrt{h_i K_N} \mid i \in N\}$，对比 $D(N, \vec{K})$ 定义可得 $D(N, \vec{K})|_{t_i=0}$。得证。

命题 7 - 2 说明 N 个供应商中存在等于或多于 2 个流程优化最优供应商时流程知识共享博弈的核心只能由无偿知识共享的分配构成，不满足最优流程优化水平供应商的收益最大化。

7.4 复杂产品流程优化非合作博弈的策略选择与均衡结果

在流程优化的非合作博弈中，供应商根据预期的知识共享收益分配 t_i 决定所要达到的优化水平 K_i。为考察 t_i 对供应商流程优化投入决策的影响假设 $h_1 = \cdots = h_n = h$，$\overline{K}_1 = \cdots = \overline{K}_n = \overline{K}$。为衡量博弈结果的优劣，先计算假设所有供应商在统一管理情况下为使整体成本最小而应该达到的流程优化水平。

7.4.1 流程优化整体最优解

假设所有供应商都在核心制造商直接管理下作为同一个利益主体，供应商之间不存在博弈，即从全局角度考虑优化水平，则所有供应商的批量成本和流程优化投入构成的总成本为 $n\left(\sqrt{h_i K_i} + b\ln(\bar{K}/K_i)\right)$。对该式中的 K_i 求导并令导数为零，可求得流程优化整体最优解为 $K^* = 4b^2/n^2h$。该最优解将用以判断存在博弈情况下优化水平幅度是否达到了最大可能的幅度。

7.4.2 流程优化投入非合作博弈的策略与均衡结果

根据命题 7−2，如果存在两个以上的准备成本最低供应商，则知识共享合作博弈的核心只包含无偿知识共享解，这种情况下流程优化水平最高供应商的成本函数为 $\sqrt{hK} + b\ln(\bar{K}/K)$，对 K 求导得在 $K = 4b^2/h$ 处取得最小值，达不到整体最优解 $K^* = 4b^2/n^2h$。所以能达到最优流程优化水平的情况一定是只有某一个供应商 j 准备成本最低时达到，即 $E(N, \vec{K}) = \{j\}$。该供应商对流程优化水平的边际贡献为 $\sqrt{hK_{N\setminus\{j\}}} - \sqrt{hK_j}$。为了激励流程优化水平最高的供应商进行最大限度地流程优化投入，应将其他供应商节约的批量成本全部共享给优化水平最高的供应商。流程优化水平最高的供应商获得其他 $n-1$ 个供应商的共享收益后的批量成本为 $x_j = n\sqrt{hK_j} - (n-1)\sqrt{hK_{N\setminus\{j\}}}$，其他供应商 i 的成本为 $x_i = \sqrt{hK_j} + (\sqrt{hK_{N\setminus\{j\}}} - \sqrt{hK_j}) = \sqrt{hK_{N\setminus\{j\}}}$，该分配方式符合式（7−1），根据命题 7−1 这种分配方式属于合作博弈的核心。按照这种分配方式，任意供应商 i 的总成本为：

$$\pi_i(\vec{K}) = \begin{cases} n\sqrt{hK_i} - (n-1)\sqrt{hK_{N\setminus\{i\}}} + b\ln(\bar{K}/K_i) & K_i \leqslant K_{N\setminus\{i\}} \\ \sqrt{hK_{N\setminus\{j\}}} + b\ln(\bar{K}/K_i) & K_i > K_{N\setminus\{i\}} \end{cases}$$

$$(7-2)$$

当 $K_i \leqslant K_{N\setminus\{i\}}$ 时，对 π_i 函数中自变量 K_i 求导并令结果为 0，得优化水平最高的供应商的最优优化水平为 $K^* = 4b^2/n^2h$，可见当建立知识共享网络时博弈结果达到了整体最优解 K^*，并且准备成本与网络规模平方成反比，优化水平与网络规模平方成正比。为后面分析方便，此时总成本函数改写为函数 $\pi^*(K,\kappa) = n\sqrt{hK} - (n-1)\sqrt{h\kappa} + b\ln(\bar{K}/K)$。

当 $K_i > K_{N\setminus\{i\}}$ 时，如果 $K_i = K_{N\setminus\{j\}}$，即供应商 i 是除了供应商 j 外第二最优的供应商，对 $\pi_i = \sqrt{hK_i} + b\ln(\bar{K}/K_i)$ 函数中自变量 K_i 求导并令结果为 0，得第二最优供应商的最优优化水平应为 $\hat{K} = 4b^2/h$，为后面分析方便，此时总成本函数改写为函数 $\hat{\pi}(K) = \sqrt{hK} + \ln(\bar{K}/K)$。如果 $K_i > K_{N\setminus\{j\}}$，即供应商 i 既不是最优供应商也不是第二最优供应商，则对 $\pi_i = \sqrt{hK_{N\setminus\{j\}}} + b\ln(\bar{K}/K_i)$ 中的自变量 K_i 求导，其中第一项为常量，第二项为减函数，因此其他供应商的最优流程优化水平应为 $[0,\bar{K}]$ 范围内最小值点 $\bar{K}$。以上分析了供应商具有的三种策略，下面分析各供应商的最优策略选择。

定理 7-2 设 $i \in N$，K_{j1} 和 K_{j2} 是所有供应商中最小的两个准备成本，且 $K_{j1} \leqslant K_{j2}$，则存在表示供应商流程优化意愿的临界值 $s_1 < s_2 < s_3$，满足（Ⅰ）$s_1 \in (K^*, \hat{K})$，使得 $\pi^*(K^*, s_1) = \hat{\pi}(\hat{K})$；（Ⅱ）$s_3 \in$

$(\hat{K},\ \bar{K})$，使得 $\hat{\pi}\ (\hat{K})\ =\ \sqrt{hs_3}$；（Ⅲ）$s_2 \in (s_1,\ s_3)$，使得 $\pi^*(K^*,\ s_2) = \sqrt{hs_2}$；（Ⅳ）对任意 $\kappa \in (s_1,\ s_2)$，存在唯一 $K(\kappa) > s_2$，使得 $\pi^*(K^*,\ \kappa) = \sqrt{hK(\kappa)}$。且供应商 i 的最佳策略为：

$$B_i(K_{j1},K_{j2})) = \begin{cases} \hat{K} & K_{j1} \leqslant s_1 \text{ 且 } K_{j2} \geqslant s_3 \\ \bar{K} & K_{j1} \leqslant s_1 \text{ 且 } K_{j2} \leqslant s_3 \\ K^* & K_{j1} \geqslant s_2 \\ \bar{K} & K_{j1} \in (s_1,s_2) \text{ 且 } K_{j2} \leqslant K(K_{j1}) \\ K^* & K_{j1} \in (s_1,s_2) \text{ 且 } K_{j2} \geqslant K(K_{j1}) \end{cases} \qquad (7-3)$$

证明：由 $\hat{K}$ 是函数 $\hat{\pi}(\cdot)$ 的最小点，得 $\pi^*(K^*,\ K^*) = \sqrt{hK^*} + b\ln(\bar{K}/K^*) > \sqrt{h\hat{K}} + b\ln(\bar{K}/\hat{K}) = \hat{\pi}\ (\hat{K})$，$K^*$ 是函数 $\pi^*(\cdot,\ \kappa)$ 的最小点，得 $\pi^*(K^*,\ \hat{K}) = n\ \sqrt{hK^*} - (n-1)\ \sqrt{h\hat{K}} + b\ln(\bar{K}/K^*) < \sqrt{h\hat{K}} + b\ln(\bar{K}/\hat{K}) = \hat{\pi}(\hat{K})$，故这两个函数在区间 $(K^*,\ \hat{K})$ 至少有一个交点，又 π^* 的导数大于 $\hat{\pi}$ 的导数，故这两个函数交点最多有一个（否则其导数必定至少有一个交点），（Ⅰ）得证。由 $\hat{\pi}(\cdot)$ 在 $\hat{K}$ 处取得最小值知 $\hat{\pi}\ (\hat{K}) < \sqrt{h\bar{K}}$，又 $\hat{\pi}\ (\hat{K}) > \sqrt{h\bar{K}}$ 且 $\dfrac{\partial \hat{\pi}(K)}{\partial K} < \dfrac{\partial \sqrt{hK}}{\partial K}$，（Ⅱ）得证。同理（Ⅲ）、（Ⅳ）得证。

当 $K_{j1} \leqslant s_1$ 且 $K_{j2} \geqslant s_3$ 时，有 $\pi^*(K^*,K_{j1}) \geqslant \pi^*(K^*,s_1) = \hat{\pi}(\hat{K})$ 且 $\sqrt{h\bar{K}} \geqslant \sqrt{hK_{j2}} \geqslant \sqrt{hs_3} = \hat{\pi}(\hat{K})$，因此 $K = \hat{K}$ 是供应商 i 的最佳策略。当 $K_{j1} \leqslant s_1$ 且 $K_{j2} \leqslant s_3$ 时，$\pi^*(K^*,\ K_{j1}) \geqslant \pi^*(K^*,\ s_1) = \hat{\pi}(\hat{K}) = \sqrt{hs_3} \geqslant \sqrt{hK_{j2}}$，所以 $\bar{K}$ 是最佳策略。其他情况可类似证明。

根据命题 7-2，供应商的优化策略分为五种情况。图 7-1（a）

和（b）分别表示供应商 i 在两种典型情况下的总成本的变化趋势，两条曲线分别表示作为最优供应商总成本函数 $\widetilde{\pi}$ 和第二最优供应商总成本函数 $\hat{\pi}$，虚线部分表示在相应区间时作为最优供应商或者第二最优供应商的劣势策略，最小值点分别表示相应策略下的最优策

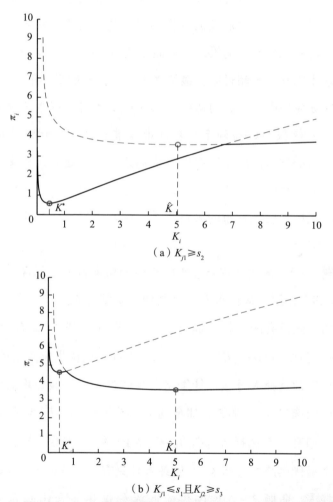

（a）$K_{j1} \geqslant s_2$

（b）$K_{j1} \leqslant s_1$ 且 $K_{j2} \geqslant s_3$

图 7 - 1　供应商在其他供应商宣布的不同优化水平下的优化水平最优选择

略。可以看出当 $K_{j1} \geqslant s_2$ 即已知优化水平最高的供应商宣布的优化水平高于临界值 s_2 时供应商 i 应选择最优流程水平 K^*；而当 $K_{j1} \leqslant s_1$ 且 $K_{j2} \geqslant s_3$，即已知优化水平最高的供应商宣布的优化水平低于临界值 s_1 且还有供应商宣布其优化水平高于 s_3 时，供应商 i 应选择第二最优流程优化水平 $\hat{K}$，因为如果选择最优流程优化水平，由于已有优化水平已经很低，此时后续的合作博弈共享收益必然相对较小，不足与弥补流程优化增加的投入，从而导致图 7-1(b) 中最优流程优化水平成本曲线上移超过第二最优水平成本曲线的最小值点。

在实际应用中供应商的初始策略应根据各自流程水平现状、流程优化投入函数与收益确定，并且难以准确计算实际整体最优水平，此时核心制造商应多次组织供应商进行策略选择，在多次竞争中供应商的最优策略将会向整体最优解逼近。供应商流程优化的策略与其他供应商已经宣布的策略有关，因此供应商应尽快宣布自己的优化策略。

命题 7-3 流程优化非合作博弈存的均衡解矢量包含一个最优水平 K^* 和一个第二最优水平 $\hat{K}$ 且其他元素都为 $\overline{K}$。

证明：假设有两个供应商选择 K^*，根据定理 7-2 有 $B_i(K^*, K^*) = \overline{K}$，但此时有 $B_i(K^*, \overline{K}) = \hat{K}$，即除了最优供应商选择 K^* 外另一个供应商选择 $\hat{K}$ 才是最佳策略，与假设矛盾。假如均衡结果中没有供应商选择 K^*，那么：如全选 $\overline{K}$，则有 $B_i(\overline{K}, \overline{K}) = K^*$，与假设矛盾；如有一个选择 $\hat{K}$，则 $B_i(\hat{K}, \overline{K}) = K^*$，仍然矛盾；故有且只有一个最优供应商选择 K^*。同理有且只有一个选择 $\hat{K}$，其余供应商应选择 $\overline{K}$。命题 7-3 说明供应商流程优化非合作博弈的均衡结果。

表 7 - 1 列出了博弈参数变化对博弈结果最优水平、第二最优水平、博弈决策临界值和收益分配的影响。首先可以看出，当 n 增加即供应商流程知识共享网络规模扩大时，最优水平供应商获得的共享收益增加（$-t_1$ 从 1.33 增加到了 3.20），流程优化最优水平提高（K^* 从 0.11 降低到 0.04）。其他供应商通过流程知识共享后实际批量成本 $[c^N(i)]$ 降低，但需要付出的共享收益（$t_2 \cdots t_n$）相应增加，但二者之和成本（$x_2 \cdots x_n$）保持不变，即除流程最优供应商外其他供应商都无法获得网络规模增加获得的额外收益。

表 7 - 1　　　　　　　　　不同参数变化对博弈结果的影响

n	b	h	$\bar{K}$	K^*	$\hat{K}$	s_1	s_2	s_3	$c^N(i)$	$-t_1$	$t_2 \cdots t_n$	x_1	$x_2 \cdots x_n$
3	0.5	1	16	0.11	1.00	1.10	1.35	5.69	0.33	1.33	0.67	-1.00	1.00
4	0.5	1	16	0.06	1.00	0.63	0.89	5.69	0.25	2.25	0.75	-2.00	1.00
5	0.5	1	16	0.04	1.00	0.43	0.64	5.69	0.20	3.20	0.80	-3.00	1.00
3	0.5	1	16	0.11	1.00	1.10	1.35	5.69	0.33	1.33	0.67	-1.00	1.00
3	0.6	1	16	0.16	1.44	1.59	1.75	6.99	0.40	1.60	0.80	-1.20	1.20
3	0.7	1	16	0.22	1.96	2.16	2.16	8.24	0.47	1.87	0.93	-1.40	1.40
3	0.5	1	16	0.11	1.00	1.10	1.35	5.69	0.33	1.33	0.67	-1.00	1.00
3	0.5	2	16	0.06	0.50	0.55	0.82	3.73	0.33	1.33	0.67	-1.00	1.00
3	0.5	3	16	0.04	0.33	0.37	0.60	2.87	0.33	1.33	0.67	-1.00	1.00
3	0.5	1	16	0.11	1.00	1.10	1.35	5.69	0.33	1.33	0.67	-1.00	1.00
3	0.5	1	25	0.11	1.00	1.10	1.53	6.81	0.33	1.33	0.67	-1.00	1.00
3	0.5	1	36	0.11	1.00	1.10	1.68	7.79	0.33	1.33	0.67	-1.00	1.00

当达到同样的流程优化水平需要的投入增加时，不利于提高流程优化最优水平（b 从 0.5 增加到 0.7，K^* 从 0.11 升高到了

0.22），优化水平最高供应商获得的共享收益越来越高（$-t_1$ 从 1.33 增加到了 1.87）。其他供应商通过流程知识共享后需要付出的共享收益（$t_2\cdots t_n$）相应增加，优化后批量成本与需要付出的共享收益之和（$x_2\cdots x_n$）递增。

当变动成本增加时更能够促进流程优化（h 从 1 增加到 3 时，优化后准备成本 K^* 从 0.11 降低到了 0.04），流程优化最优水平供应商所获得的共享收益和其他供应商付出的共享收益保持不变。但供应商优化决策的临界值 s_1、s_2 和 s_3 都递减，说明变动成本增加提升了所有供应商流程优化的意愿。

当代表初始流程水平的准备成本 $\bar{K}$ 增加时，最终的流程优化最优水平 K^* 不变，说明优化结果取决于流程优化投入函数，与初始流程水平无关。优化水平最高的供应商获得的共享收益、其他供应商通过流程知识共享后需要付出的共享收益都没有变化，但供应商优化决策的临界值 s_2 和 s_3 逐渐增加，s_1 保持不变，说明初始流程水平较低没有影响最优供应商的优化意愿，但降低了其他供应商的优化意愿。

7.5 管理启示

竞争与合作是企业之间普遍同时存在的现象，本章研究了核心制造商主导的复杂产品部件供应商流程优化投入与知识共享这种特殊的竞争与合作关系，创新结合了非合作博弈和合作博弈两种模型对这种竞合关系进行定量分析，为研究其他竞合关系提供了一种可资借鉴的方法。此外，通过理论证明发现了能够促进复杂产品流程优化的一些管理措施，同时这些措施在其他知识共享管理中也可供参考。

首先，核心制造商通过建立供应商之间的复杂产品流程知识共享网络可以达到整体最优的流程优化水平，并且最优水平与网络规模平方成正比。将复杂产品部件供应部门进行统一管理可以最有效地促进流程优化，因为部门之间不存在博弈行为，核心制造商只需从整体优化角度确定优化效率最高的部门进行流程优化，其他部门直接获取优化知识收益即可，从而节约了重复流程投入的成本。但当企业规模超过一定限度时，由于作为一个部件的生产部门而不是独立利益主体，管理中的代理成本增加，这时核心制造商可以通过设计流程知识共享网络而达到供应商流程优化的目的，提高了供应链的竞争优势，自己最终也成为受益者。分析表明最优流程优化水平与知识共享网络规模平方成正比，但在实施中随着网络规模的扩大，知识共享机制的实施成本增加，因此网络规模在实施中存在一个临界点。

其次，核心制造商确定流程知识共享收益的依据应该是供应商之间的相对优化水平而不是绝对优化水平，即最优水平供应商和第二最优水平的供应商流程优化后的批量成本差额。如果只是简单组织供应商流程知识共享而没有实施收益分配，则这种情况下的均衡结果是只有优化效率最高的供应商进行流程优化，优化水平达不到整体最优水平。只有核心制造商积极介入供应商之间的知识共享，建立收益共享分配机制，供应商才会竞争性地积极投入流程优化，最终出现的均衡结果就是存在一个优化水平最高的供应商以及一个第二最优水平的供应商，其他供应商不优化但需要向最优流程优化水平供应商支付最优和第二最优供应商批量成本的差额，流程知识共享后所有供应商的优化水平都提高到了整体最优水平。

最后，各供应商应尽快宣布自己要达到的优化水平，核心制造商应该组织多次流程优化水平沟通和策略选择。在流程优化非合作博弈结果中除了有一个最优流程优化水平供应商外还存在第二最优流程优化水平供应商，该供应商流程优化后的准备成本和其他供应商相同，但还额外负担了一定的流程优化投入。出现这种现象的原因可以这样直观地理解，即假设该第二最优流程优化水平供应商也和其他供应商一样不优化，这样由于最优供应商要获得参与知识共享而产生的所有边际收益，知识共享后准备成本的降低产生的收益都必须共享给最优供应商，这样包括自己在内的所有其他供应商都无法从流程知识共享中获益；而如果第二最优流程优化水平供应商也选择最优流程优化水平，则这样在供应商网络中就有两个最优水平供应商，这时每个最优水平供应商的边际贡献为零，流程知识只能无偿共享，这样也不符合第二最优流程优化水平供应商的利益。第二最优流程优化水平供应商是在已有最优流程优化水平供应商的情况下的选择，因此决定各供应商流程优化策略及最终收益的因素除了各自的流程优化效率，宣布策略的顺序也是重要因素，供应商应尽快宣布自己要达到的优化水平。而核心制造商通过组织多次流程优化前沟通和策略选择可以使供应商之间充分竞争，并使最终流程优化结果向整体最优水平逼近。

本书从提高优化水平角度分析了收益分配方式和供应商的策略，这种情况下每个供应商的最终收益不满足包括对称性和单调性的公平性要求，而合作博弈中考虑公平的沙普利（Shapley）分配方式已验证不能达到整体最优的流程优化水平，因此如何结合效率与公平设计分配方式是值得进一步研究的问题。

7.6 本章总结

复杂产品系统通常由核心集成商和部件供应商网络组成，企业之间的知识共享能够为整体供应链带来竞争优势。为此研究了复杂产品零部件供应商之间的知识共享收益协调机制，通过运用非合作博弈和合作博弈两阶段博弈模型建立复杂产品制造中核心企业协调的供应商流程优化及知识共享模型，证明了知识共享合作博弈核心的非空性及核心的解析式，给出了可以达到整体最优流程优化水平的收益分配方式和各供应商在流程优化博弈中的三种策略选择及均衡结果，计算了不同参数下对最优流程优化水平和收益分配的影响。非合作－合作两阶段博弈分析对其他竞合关系研究具有借鉴意义，研究结果对于核心制造商建立供应商流程优化知识共享网络、确定收益分配方法和供应商的策略选择提供了理论参考。

第 8 章

复杂产品系统设计知识
共享支持算法

8.1 引　　言

根据复杂产品系统知识共享条件分析结果,知识共享中的提供和吸收两个子过程相互促进,在两者的交互过程中产生知识协同创造效应使得知识共享成为一个良性循环过程,也才能使得知识共享成为复杂产品系统企业中的一个价值创造过程,成为复杂产品系统创新的源泉。此外,知识共享的成本、奖罚制度、知识共享的独立创造效应等也决定了对复杂产品系统知识共享的演化结果。由于复杂产品系统的设计知识主要是隐性知识,通过知识共享支持算法可以显著降低知识共享的成本,也有利于在信息系统的基础上提高知识共享组织的透明度,建立清晰的奖罚制度,并且帮助设计人员更有效地获取他人在知识管理系统中提供的知识,促进独立创造效应和协同创造效应的产生。

复杂产品系统设计过程是提高最终产品系统质量，减少最终生产所需的时间和资源的关键步骤。复杂产品系统设计活动包含多种设计要求，业界中所提的"卓越设计"（design for excellence，DFX）概念包括可制造性、功效、可变性、成本、产量或可靠性等诸多要素。而且复杂产品系统是物料清单结构深度和广度都较大、技术难点多的产品，如高铁机车、飞行器等，这类产品具有开发投入大、周期长、涉及学科广的特点，是典型的知识密集型产品。如在波音777 的开发过程中，涉及的零部件有130000 多个，内部设计人员近6800 名，外部协作人员超过10000 名[128]。因而复杂产品系统设计是一种知识密集型活动，如此大规模的复杂产品系统对设计人员获取他人在知识管理系统中提供的相关知识提出了更高的要求，知识共享支持成为确保复杂产品系统获得竞争优势的一个重要因素。

根据设计人员的主动性复杂产品系统知识共享支持算法可以分为两类：一类是复杂产品系统设计人员根据对自己所在的工作节点以及相关工作节点的知识需求主动检索知识；另一类是知识管理系统根据用户的知识检索历史主动推荐知识。本章将分别利用计算机科学中的本体技术和协同推荐技术设计适应复杂产品系统的基于虚拟知识流的知识检索算法和基于协同过滤的知识推荐算法。

本体可以作为描述知识系统的建模工具，明确概念以及他们在语义层面的关系，表达复杂的知识结构，提高复杂产品系统设计人员的共同认识，便于知识的积累、共享和重用。本体已成为信息系统的关键组成部分，本体本身不仅可以表示领域知识，也可用于索引文档库并支持用户通过浏览和查询等功能与系统进行交互[211]。但复杂产品系统的设计与生产知识密集，本体在提供一个可共享、经过检验并可被广泛接受的知识表示的同时，通常还是包含成千上万概念的大型知识资源，这对设计人员构成一个艰巨的挑战。而且复杂产品系统设计流程环节较多，每个环节的设计人员不仅需要深入掌握本环节的知识，也需要了解相关环节的概要知识。复杂产品系统设计人员需要多学科知识融合才能满足日益提高的设计要求，在设计过程中需要工作流各节点的相关知识。设计人员的多节点知识共享支持是提高复杂产品系统设计质量和创新能力的重要手段。

已有研究将本体与工作流结合，形成知识流[212]。知识流（knowledge flow，KF）表示个人或者团队对工作流中主节点与相关节点业务知识需求的模型。通过知识流可以促进团队工作中编码化知识的共享[213]。但是在用本体表示工作流中各节点的知识时，所有用户看到的各个工作流节点的知识都是该节点的全部知识本体。然而，许多设计人员为完成所分担的工作只需要一部分本领域内的深入知识与相关部件的知识。为此，提出虚拟知识流的概念，并设计了虚拟知识流生成算法。本书与刘等的研究[124]目的相同，但方法上的不同之处是：本算法不需要从本体中生成概念集，直接由本体生成与具体设计工作相关的节点本体视图；知识点之间的联系也不限于层次式联系，可以是本体中知识工作者指定的各种语义联系；算法输入参数少，并且简单直观，知识工作人员易于指定和调整；基本知识流由工作流各节点的用户分布式建立各自所在节点的知识本体而形成，而不是知识流设计人员单独构建。

在结合工作流与本体技术基础上设计了支持设计人员多节点知识需求的基于虚拟知识流的知识检索算法。工作流各节点的设计人员利用本体编辑工具建立本节点的知识本体，然后各节点设计人员就可以根据自己在工作流中的知识需求指定工作流各节点本体视图生成参数和虚拟知识流生成参数运行算法得到虚拟知识流，方便了工作流各节点设计人员的知识共享。与已有算法相比，该算法具有输入参数少，意义简单直观，支持通过各种概念之间的语义联系探索获取所需要的知识，并且是基于分布式构建的知识本体。算法的结果与起始概念的顺序无关，满足交换律。一次性指定全部属性指令与先后指定部分属性指令得到的节点本体视图相同，但节点本体视图的串联不可交换。算法具有完备性，即设计人员所需要的全部知识都可以通过适当的虚拟知识流生成参数获得。算法运行时间随本体中的概念个数线性增长。最后本算法支持本体演化，可以确定虚拟知识流生成参数在新版本本体中是否有效并更新虚拟知识流。

同时本章也将设计基于图聚类的两阶段个性化推荐算法，并且通过在与复杂知识数据集类似的科技文献分类数据库 BibSonomy 和社会化网络资源标签数据库 del. icio. us（已被收购更名）两个数据集上进行实验证明是有效的。在该算法中标签聚类能明确用户兴趣，确定知识资源主题，因此标签聚类作为用户和知识资源的中介能很好地架起用户和各种复杂产品知识间的桥梁。

8.2 复杂产品系统设计知识检索算法

8.2.1 相关定义

定义 8 - 1（本体）：本体是对知识的形式化描述，由声明（statement）的集合构成，每条声明由主体、谓词和宾词构成（subject-predicate-object），其中主体和客体都可以是类或者实例，表示所描述知识中涉及的概念，在计算机学科的本体规范中谓词也称为属性，表示概念之间的关系。故本体可以符号化表示为 $O = \{s \mid s = <c, r>\}$，其中 s 代表声明，c 代表概念，同时概念的集合用 C 表示，r 代表关系，关系的集合用 R 表示。本体在实际应用中用 OWL 语言描述。

定义 8 - 2（工作流）：工作流由协调一致的可重复业务活动模式组成，通过系统地组织资源完成材料转换、提供服务或处理信息等流程，通过一系列操作进行描述，操作体现为个人或小组的工作。可以符号化表示为二元组 (T, F)，T 代表操作产生的转换过程的集合，$F \subseteq (T \times T)$ 代表操作之间的连接关系的集合。

该定义与工作流研究中一般采用佩特里（Petri）网表示工作流是一致的，只是在本书中不需要关注工作流的起始节点和结束节点、方向、循环等要素，而只需要根据转换以及转换之间的连接关系确定相邻节点的知识需求，因此本书中将佩特里网中的二分图简化为具有一种节点的无向图表示的工作流。

定义 8 – 3（知识流）：知识流由工作流所有节点及各节点的领域本体表示的知识构成。可以符号化表示为三元组 $KF = (T, O_t, F)$，其中 KF 表示知识流，O_t 表示转换工作 t 本领域内的知识本体，该转换工作对应的概念的集合记为 C_t，T，F 的含义同定义 8 – 2。知识流表示组织在工作流各节点的知识需求。

定义 8 – 4（虚拟知识流）：虚拟知识流是工作流的某一个节点的知识工作者为完成其任务所需要的知识表示，包括知识工作者所在节点的知识本体和相关节点经过抽取后概括的知识本体。可以符号化表示为三元组 $KF' = (T, O_t', F)$，其中 KF 表示知识流，O_t' 表示转换工作 t 所需要的知识本体即节点本体视图，包括本节点的完整本体和相关节点概括后的本体，T，F 的含义同定义 8 – 2。

本书的核心算法就是根据知识流生成工作流中任意节点的虚拟知识流。为此需要用户给出虚拟知识流的生成参数。

定义 8 – 5（节点本体视图生成参数）：虚拟知识流的生成参数 D 为三元组 (t, C_t, RD_t^c)，其中 t 表示工作流中的某个节点，C_t 表示生成该节点虚拟知识本体的起始概念集合，RD_t^c 表示节点 t 的本体中从概念 c 开始遍历的属性指令的集合，每条属性指令 rd 为二元组 (P, n)，其中 P 为工作流节点领域本体中的某个属性，n 为大于等于 -1 的整数或者无穷大数 ∞，表示从领域本体中的概念 c 依据属性 P 所遍历的深度，如果为 -1 则表示不生成该节点的本体视图，如果 $n = \infty$，则遍历的结果就是从概念 c 开始属性 P 的闭包集。

定义 8 – 6（虚拟知识流生成参数）：集合 $VD = \{D \mid D = (t, C_t, RD_t^c), t \in T\}$ 是虚拟知识流生成参数，该参数规定了知识流中需要在虚拟知识流中出现的节点、每个节点的起始概念集合和该节点中对应每个起始概念 c 的关系集合。

8.2.2 基于虚拟知识流的知识检索算法

代表设计人员知识需求的虚拟知识流的生成过程是按照算法 1（见表 8 - 1）从设计人员所在节点开始宽度优先遍历工作流每个节点，采用宽度优先的原因是设计人员一般更加需要临近工作节点的相关知识，算法流程图见图 8 - 1。遍历到每个工作节点时按照算法 2（见表 8 - 2）生成每个节点的本体视图，算法 2 流程图见图 8 - 2。工作流中所有节点的本体视图生成后就组成虚拟知识流。

表 8 - 1　　　　　　　　　　算法 1：生成虚拟知识流

输入：知识流 KF，虚拟知识流生成参数 VD
输出：虚拟知识流 KF'
过程：
1. q = new Queue ( ) ;
2. 标记设计人员所在工作流节点 t 已被访问;
3. q. enqueue（设计人员所在工作流节点 $t \in T$）;
4. while (q ≠ empty) do
5. {
6. 　　　x = q. dequeue ( ) ;
7. 　　　生成 x 节点的本体视图，调用参数为
8. 　　　(x, C_x, RD_x^c) ;
9. 　　　for (x 的每一个相邻工作节点 y)
10. 　　　　{
11. 　　　　　if (y 还没有被访问)
12. 　　　　　标记节点 y 已被访问;
13. 　　　q. enqueue (y) ;
14. 　　　　}
15. }

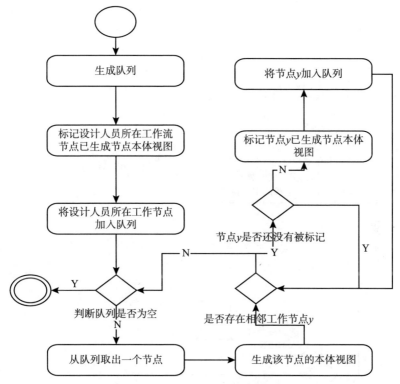

图 8 – 1　生成虚拟知识流的流程

表 8 – 2　　　　　　　　　算法 2：生成节点本体视图

输入：节点本体视图生成参数 $(t,\ C_t,\ RD_t^c)$

输出：节点本体视图 O_t'

过程：

1.　　For（每一个概念 $c \in C_t$）｛

2.　　　c 进入节点本体视图 O_t' 中；

3.　　　for（每一条属性指令 $rd \in RD_t^c$）//每条属性指令由二

4.　　元组（$P,\ n$）构成｛

5.　　　if（c 是属性 P 的主体并且属性 P 在节点本体中

6.　　有客体 c'）

7.　　　　属性 P 及其客体 c' 进入节点本体视图 O_t'；

8.　　　if（c 是实例并且对于属性 P 在节点本体中存在

9.　　值 v'）

10.	属性 P 及其值 v' 进入节点本体视图 O_t' ;
11.	if（c 的属性在节点本体中有限制词
12.	owl：allValuesFrom、owl：someValuesFrom 或
13.	owl：hasValue）
14.	限制词中规定的类进入节点本体视图 O_t' ;
15.	对于每一条属性指令 $rd \in RD_t^c$ 的二元组（P，n），
16.	属性指令（P，$n-1$）进入新的属性指令集合 RD_{next} ,
17.	如果 $n = \infty$ ，则 $n-1 = \infty$ ；对于生成的每个客体
18.	c' 和值 v' ，（t，c'，RD_{next}）和（t，v'，RD_{next}）作为新
19.	的本体视图生成参数递归调用算法 2 \}\}
20.	将每个概念 $c \in C_t$ 生成的本体视图合并

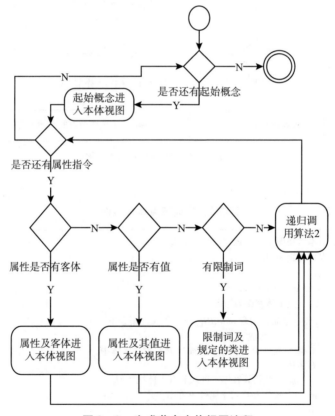

图 8 – 2　生成节点本体视图流程

当抽取虚拟知识本体时，有可能使得本体中的三元组缺少客体，如虚拟知识本体包括类 C_1 而没有包含作为属性 P_1 的客体的 C_2。这是由于在遍历到 C_1 时已经达到规定的深度。此时称 C_2 为虚拟知识本体的边界概念：它被视图中的某个概念引用，但它本身并不包括在抽取虚拟知识流中。维护虚拟知识流的边界概念列表对于虚拟知识流的交互式抽取非常有用：用户可以看到虚拟知识流的定义中缺少哪些概念，并将其添加到生成参数中。

8.2.3 虚拟知识流的性质与本体演化法

根据虚拟知识流的定义和生成算法可得出虚拟知识流的一些性质。首先考虑根据算法 2 生成节点本体视图的起始概念可交换性、属性指令累加性和完整性，其次分析生成虚拟知识流的计算复杂性及本体演化问题。

根据算法 2，节点本体视图生成参数中的起始概念是可交换的，因为在算法 2 中每次遍历都是针对节点完整的初始本体，遍历指令的结果不受起始概念顺序的影响。最终节点本体视图是每个起始概念生成的局部本体视图的联合。

给定一个本体 O 和两个节点本体视图生成参数 D_1 和 D_2，定义 D_1 和 D_2 的复合是将 D_1 和 D_2 分别应用于 O，然后将结果取并集：

$$D_1 \oplus D_2 = O'(O, D_1) \cup O'(O, D_2) \qquad (8-1)$$

其中，O' 表示生成节点本体视图运算。按照该定义，当节点本体视图生成参数由节点 t、起始概念 c 和属性指令集合 RD_t^c 构成，其中两个遍历指令 RD_{t1}^c 和 RD_{t2}^c 具有相同的起始概念 c 时，则在同一个节点先后根据两个属性指令得到的节点本体视图与根据属性指令的并集得到的节点本体视图相同，即：

$$(c, RD_{t1}^c) \oplus (c, RD_{t2}^c) = (c, RD_{t1}^c \cup RD_{t2}^c) \qquad (8-2)$$

该性质表明一次性指定全部属性指令与先后指定部分属性指令得到的节点本体视图相同，故称为属性指令累加性。

定义节点本体视图的串联是将参数 D_2 应用到将 D_1 应用于本体 O 之后的结果：

$$D_1 \otimes D_2 = O'(O'(O, D_1), D_2) \qquad (8-3)$$

节点本体视图的串联不可交换。实际上，参数 D_2 可能不是一个有效的应用于 D_1 生成后的节点本体视图参数，因为一些起始概念在 D_2 中的遍历指令可能甚至不在 D_1 中。

对于节点本体的任何概念子集，节点本体视图都是完备的，即总有对应的节点本体视图生成参数（不一定是唯一的）来定义它。设 $\{c_1, \cdots, c_{n,}\}$ 为概念的一个子集，节点本体视图参数为 $\{D_1, D_2, \cdots, D_n\}$，$D_k = (t, c_k, \varnothing)$ 即可精确定义该子集。

设 t 为节点本体视图生成参数中起始概念的个数，p 为针对应每个概念的属性指令的个数，从起始概念开始本体的最长深度为 n，根据算法2，针对每个起始概念，每次遍历指令的迭代遍历深度都减1，故生成每个节点本体视图的时间为 $O(t \times p \times n)$。由于工作流节点和节点本体视图生成参数中起始概念和属性指令在实际应用中一般数量有限，设其乘积为 c，则生成虚拟知识流时间随本体中的概念个数线性增长。

随着领域知识的逐步更新，表示知识的本体会不断演化，用户需要与同一个本体的不同版本交互。当生成虚拟知识流后本体产生了新版本，用户应该能够确定以下两点：（1）虚拟知识流是否仍然对新版本有效（即所有起始概念和知识流生成参数中指定的属性仍然存在于本体的新版本中）；（2）依据旧版本产生的虚拟知识流是否会发生变化。

萨西（Sassi）等设计的本体版本算法可以用以确定本体不同版本和虚拟知识流生成参数之间的兼容性[214]。给定两个版本的本体 V_{old} 和 V_{new}，对于 V_{old} 中的每个概念，其算法可以使用一组启发式规则找到改变了名称的类和属性的对应关系，从而确定新版本中的相应概念 V_{new}。基于这些信息可以确定一个定义在 V_{old} 之上的虚拟知识流生成参数是否仍然适用于 V_{new}。如果对每个来自 V_{old} 本体中用以产生虚拟知识流的起始概念或属性名称，在 V_{new} 中总有一个对应的概念，那么虚拟知识流生成参数是有效的，并且这时可以允许用户选择更新虚拟知识流。

8.2.4　复杂产品虚拟知识流检索算法案例应用

作为典型复杂产品系统的民航飞机设计过程涉及众多学科并且各学科必须无缝融合才能产生最佳设计并满足一系列需求规定。其设计流程见图 8 - 3。

知识流由关联于工作流中各节点的本地本体构成，由各节点的飞机设计人员采用 Protégé 等本体编辑工具构建，并且随着知识更新和积累而不断演化，图 8 - 4 是机身设计的局部知识本体。本体中的概念用方框表示，本体之间的谓词关系用带箭头的直线表示，主要的谓词关系如"is Part Of"（是……的部分）构成关系，其主词是

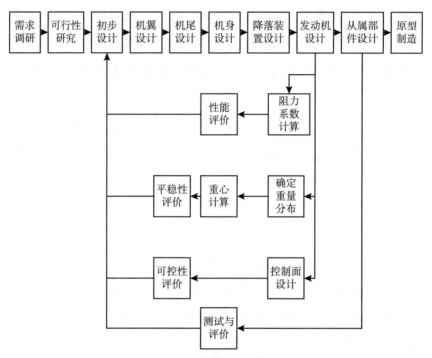

图 8 – 3　飞机设计工作流

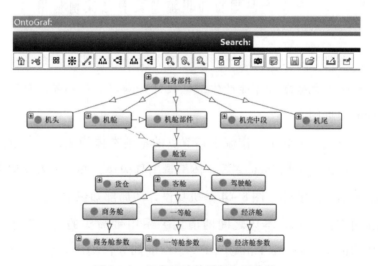

图 8 – 4　机身设计的局部知识本体

部分，宾词是整体，类似的谓词关系 "has Part"（有……部分）表示相反的局部整体关系。"is Connected To"（和……相连）表示两个部件的连接关系，如可用于定义飞机的发电装置位置：可以连接到机翼（如空中客车 A320）、机身（如 Learjet 45 商务喷气式飞机）或飞翼（如麦道 McDonnell Douglas DC－10）。"has Aspect"（有……方面）谓词关系定义飞机的各子系统如动力系统、起落系统、邮箱系统等。"is Described By Parameter"（用参数描述）谓词关系用于定义飞机各部件的数值参数。

各节点的设计人员不仅需要本节点的领域知识，也需要其他相关节点的概要知识。如需求调研人员不仅需要掌握本节点工作领域内的市场行情知识，也需要掌握关于可行性研究、初步设计、制造、测试与评价等节点的不同程度的概要知识；同样机身设计人员除了掌握本节点知识，也需要掌握机翼、机尾、降落装置、发动机、阻力和重心等节点方面的不同程度的概要知识。

产品设计人员可以根据自己的知识需求指定在工作流各个不同节点的起始概念、属性以及知识深度。如需求调研人员可以指定知识需求调研节点的节点本体视图生成参数为（需求调研，all，∞），表示本节点的知识需求为全部知识本体，指定机身设计的节点本体视图生成参数为（机身部件，has Part，3）和（机身部件，is Connected To，3），表示需要获得机身部件层次结构中最上三层结构的知识以及机身部件连接关系在三层以内的知识，所有这些节点本体视图生成参数就构成了虚拟知识流生成参数。设置各节点的本体视图生成参数后就可以运行算法生成虚拟知识流，获得需求调研人员在工作流各节点所需要的知识。

8.3 复杂产品系统设计知识推荐算法

一般的知识管理系统将所有的知识资源积累和存储在中心知识服务器，用户可以查询和搜索完成任务所需要的知识。然而，对用户来说知识搜索是一个非常耗时的工作。有时，用户知道相关知识肯定是存储在存储库中，但不愿意花太多的时间和精力去搜索。此外，用户经常遇到不知道应该查询什么样的具体知识的问题。所以复杂产品生产企业应该将更加人性化的知识推荐系统纳入企业知识共享平台。

复杂产品知识管理系统中的知识资源门类众多，且需要涉及相当数量的跨学科知识。许多最佳实践、学术文献、博客文章、视频、图片、URL 等通常难以按照预先设定的层次进行分类，即使知识共享者勉强将知识归入到某一类中，知识需求者也很难想到去同一个目录寻找。而且知识需求者往往并不知道需要什么新知识，因此也就不会去主动搜索。因此复杂产品系统知识管理系统需要能够支持知识共享者自由对知识资源分类，并且能够根据知识共享者已经分享的知识进行个性化推荐的协同标注系统。协同标记系统（collaborative tagging system，CTS）是指一种允许由使用者以任意关键字（即标签，tag）对信息系统中的资源进行非层级结构式标记（tagging）的协同系统[215]，也称社会标记（social tagging system）、大众分类（Folksonomy）。这里"tag"作为名词一般称为标签，而"tagging"作为动词一般译为标注。与此功能类似的网站有文献分享网站 citeulike. org，书签分享网站 del. icio. us，相片分享网站 Flickr，爱好分享网站 douban. com，等等。这种大众分类法的特点是由个人定义知识的关键词和分类，非常适合复杂产品知识的分享。

　　复杂产品系统所涉及的知识门类众多，并且跨学科知识对于复杂产品系统生产具有关键作用。如何在知识管理系统中对这些知识进行分类并且向知识用户推荐这些知识是一个比较难以解决的问题。协同标记系统为复杂产品系统知识管理系统中的知识标记提供了很好的思路。

　　协同标记使得传统分类法摆脱了固化的现象，用户自定义的标签提供了丰富的用户概貌（user profile）信息，同时也在用户和信息之间建立了一个联系桥梁。虽然他相对不够严谨，缺乏准确度，但是在社会性软件中，这种平面延伸的分类方法却在无形之中形成了沟通的渠道和网络，这种以自定义标签形式的大众分类在流行的社会性网络服务中得到了广泛的应用[135]。但是标签是由用户自由标记的，这也不可避免地产生了两个问题。第一个是同义标签问题：一个标签如软件产品，可能并不出现在用户的标签中，但资源确实是与软件产品有关的。第二个是多义标签问题：同一个标签，如挖掘，可能在不同的上下文中有不同的含义。

　　因此研究如何利用协同标记系统中用户标记提供的用户偏好信息，同时考虑同义标签和多义标签问题，在用户根据标签查询系统知识时向用户推荐个性化的查询结果对于复杂产品知识的自动推荐具有重要意义。将设计一种基于图聚类的复杂产品系统知识个性化推荐算法，包括两个阶段。第一阶段，通过标签的图形聚类过程形成语义上相关的标签聚类；第二阶段，根据用户的已用标签构成的用户概貌、第一阶段形成的标签聚类以及用户的查询标签向用户返回个性化的推荐结果。其中,把用户和资源模型化为在系统中所有标签空间上的向量,把标签聚类作为联系用户和知识的纽带。本算法中标签聚类的作用见图 8 - 5。

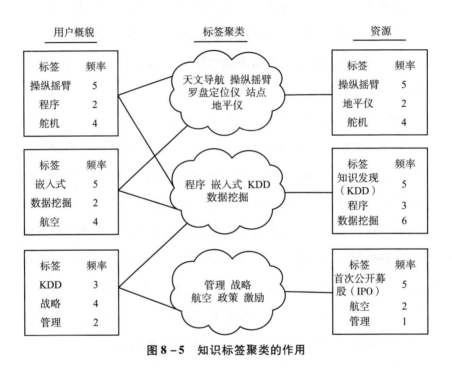

图 8 - 5 知识标签聚类的作用

8.3.1 基本推荐算法

向量空间模型中,用户 u 的用户概貌是一个向量 $\vec{u}$,其中每一个分量 $w(t_i)$ 对应全部标签空间中的一个标签 t_i,其数值为该标签的对于该用户的重要性。

$$\vec{u} = \,<w_u(t_1), w_u(t_2), \cdots, w_u(t_{|T|})>\qquad(8-4)$$

其中, $w(t_i)$ 可以是此用户使用该标签标记资源的频率,即:

$$w_u(t_i) = tfu(t, r) = |\{a = <u, r, t> \in A : u \in U\}| \qquad (8-5)$$

也可以在此频率的基础上乘以一个表示标签独特性的系数 $\log(N/n_t)$，其中 N 为资源总数，n_t 是所有用户应用该标签标记资源的个数，该系数即为文献检索领域中的逆文档频率（inverse document frequency，IDF），修正后的 $w(t_i)$ 为：

$$w_u(t_i) = tf_u \times idf = tfu \times \log(N/n_t) \qquad (8-6)$$

每个资源也用一个在全部标签空间上的向量表示，此时：

$$w_r(t_i) = tf(t, r) = |\{a = <u, r, t> \in A\}| \qquad (8-7)$$

当然也可以用 *IDF* 系数修正。用户的查询 q 也用一个在系统中全部标签空间的向量表示，这时：

$$w_q(t_i) = \begin{cases} 1 & \text{if} \quad t_i \in q \\ 0 & \text{if} \quad t_i \notin q \end{cases} \qquad (8-8)$$

这时计算查询 q 和资源 r 的相似性就转为计算两个向量的相似性，可以用杰卡德（Jaccard）相似系数或者余弦相似系数，采用使用广泛的余弦相似系数：

$$cos(q, r) = \frac{\sum\limits_{t_i \in T} w_q(t_i) \times w_r(t_i)}{\sqrt{\sum\limits_{t_i \in T} w_q(t_i)^2} \times \sqrt{\sum\limits_{t_i \in T} w_r(t_i)^2}} \qquad (8-9)$$

如果用户只输入一个标签进行查询，则查询向量中只有对应位置的 $t_i = 1$，其他分量都为 0，此时：

$$cos(q, r) = \frac{w_r(t_i)}{\sqrt{\sum\limits_{t_i \in T} w_r(t_i)^2}} \qquad (8-10)$$

这样通过计算用户查询和资源的相似性，即可把前 n 项知识资源作为查询结果反馈给用户。

8.3.2　标签的聚类

聚类的目标是把系统中的所有标签划分为不相交的集合，集合内的标签语义上相互联系，这样就会把同义标签集中到一个聚类中。而多义标签在不同的含义情况下其标注资源时所共同使用的标签也不同，因此会根据其含义和不同的标签形成聚类。因此通过聚类对用户产生个性化推荐有助于解决同义标签和多义标签问题。

设无向图 $G(V, E, W)$，其中 V 是顶点的集合，E 是边的集合，W 表示边的权重。图的顶点 v_i 对应标签 t_i。当且仅当标签 t_i 和标签 t_j 有共同标记的资源时，顶点 v_i 和顶点 v_j 之间存在一条边。W 是一个对称的权重矩阵，其元素 w_{i1i2} 表示标签 t_{i1} 和标签 t_{i2} 共同标记的资源个数，$W \in R^{I \times I}$，其中 I 是顶点个数。

为了计算 W，首先构造矩阵 $B \in R^{I \times K}$，$B = \bigvee_j A_{ijk}$，其中 $\bigvee_j (\cdot)$ 表示在张量 A 的第二维上执行"逻辑或"，矩阵 B 的行对应标签、列对应资源，这样如果存在某位用户用标签 t_i 标记了资源 r_k，则 $B_{ik} = 1$。然后根据 B 的第 i_1 行和第 i_2 行计算标签 t_{i1} 和标签 t_{i2} 共同标记的资源个数：$w_{i1i2} = \| (B)_{i1} \wedge (B)_{i2} \|_1$，其中 $\wedge$ 表示"逻辑与"，$\| \cdot \|_1$ 表示计算布尔（Boolean）向量的 L_1 范数，即计算向量中"1"的个数。

基于图的聚类有很多算法，莱赫特（Leicht）等最近引入了一个模块函数 Q 衡量基于图的聚类中顶点聚类的质量[216]。如果把图中顶点划分为 k 个聚类，则模块函数定义为：

$$Q(P_k) = \sum_{c=1}^{k} \left[\frac{A(V_c, V_c)}{A(V, V)} - \left(\frac{A(V_c, V)}{A(V, V)} \right)^2 \right] \qquad (8-11)$$

这里 P_k 表示把顶点划分为 k 个聚类，$A(V', V'') = \sum\limits_{i \in V', j \in V''} w(i, j)$，$V_c$ 是属于聚类 c 的顶点集合。

本章中图的聚类基于图的对切算法[217]，其过程是首先建立图 G 的拉普拉斯矩阵（Laplacian matrix）L_G，其中拉普拉斯矩阵是一个 $I \times I$ 的对称矩阵，其元素定义为：

$L_G(i, i)$ 等于顶点 v_i 的度数；

$L_G(i, i) = -1$，如果顶点 v_i 和顶点 v_j 之间存在一条；

$L_G(i, i) = 0$，其他情况。

然后计算对应于 L_G 第二个正的特征值 $\lambda_2(L_G)$ 的特征向量 v_2，图的顶点基于向量 v_2 中各个分量的正负号被等分为两部分。

基于以上的等切算法和模块函数提出一个基于图聚类的递归算法，该算法以带权无向图作为输入，执行下列步骤：

（1）应用等切算法把图划分为两个聚类。

（2）比较原图的模块函数 Q_0 和划分后的图的模块函数 Q_1，如果 $Q_1 > Q_0$ 则接受该划分，否则拒绝。

（3）在每一个接受的划分中递归执行以上步骤。

8.3.3　个性化推荐

基本推荐算法没有考虑用户概貌，所以不同用户得到的推荐结果是一样的。本章提出的个性化推荐分为两个步骤，首先根据用户点击的标签基于基本的推荐算法生成推荐结果。其次根据用户概貌和以上生成的聚类结果重新对推荐结果排序。其中的聚类结果是在用户查询之前离线生成的。个性化的推荐算法详细步骤如下。

步骤 1：计算标签 q 和每个资源的余弦相似性。根据用户点击的标签 q 应用式 8-7 计算每个资源 $r \in R$ 和 q 的相似度 $S(q, r)$。本步骤的输出结果是资源的一个子集 R'，其中每个资源和 q 都得到一个较高的相似度。

步骤 2：计算每个资源 $r \in R'$ 和 u 的相关度。在本步骤标签聚类作为用户和资源的纽带把用户和资源联系起来。本阶段的输入是用户概貌、步骤 1 输出的资源子集 R' 以及离线生成的聚类结果。本步骤的输出是每个资源 $r \in R'$ 和用户 u 的相关度。

步骤 2.1：计算用户对每个聚类的兴趣度，记为 $uc\_w(u, c)$。对于每一个聚类 c，用户对该聚类的兴趣度表示为用户应用聚类中的标签标记的次数与用户总的标记次数之比，即：

$$uc\_w(u, c) = \frac{\|\{a = <u, r, t> \in A : r \in R, t \in c\}\|}{\|\{a = <u, r, t> \in A : r \in R, t \in T\}\|} \quad (8-12)$$

步骤 2.2：计算资源和聚类的相关度，记为 $rc\_w(r, c)$。对于每一个聚类 c，资源对该聚类的相关度表示为所有用户应用该聚类中的标签标记的次数与所有用户总的标记次数之比，即：

$$rc\_w(r, c) = \frac{\|\{a = <u, r, t> \in A : t \in c\}\|}{\|\{a = <u, r, t> \in A : t \in T\}\|} \quad (8-13)$$

$uc\_w(u, c)$ 和 $rc\_w(r, c)$ 的值都介于 0 和 1，数值越接近于 1 表示越和聚类的关系密切。

步骤 2.3：计算用户对每个资源的兴趣度，记为 $I(u, r)$。该值为所有聚类计算用户对该聚类的兴趣度与聚类对资源的相关度的乘积，公式为：

$$I(u, r) = \sum_{c \in C} uc\_w(u, c) \times rc\_w(r, c) \quad (8-14)$$

其中，C 为离线执行聚类算法阶段获得的聚类的集合。

步骤 3：计算个性化的排序分数，记为 $S'(u, q, r)$。本步骤把在第一步骤获得的标签 q 和资源的余弦相似性以及第二步骤获得的用户对每个资源的兴趣度结合起来，最终获得用户对每个资源的个性化的排序分数，即：

$$S'(u, q, r) = S(q, r) \times I(u, r) \tag{8-15}$$

获得每个资源的 $S'(u, q, r)$ 后就可对所有资源排序，最后把前 n 项资源推荐给用户。在推荐算法中聚类和资源之间的相关度跟用户无关，所以可以离线计算；而每个用户对聚类的兴趣度是不一样的，所以需要在推荐过程中计算，因此最终每个用户获得的推荐结果是不一样的。

8.3.4　实验结果

为了验证本章所提算法的有效性，在与复杂产品系统知识的广度和深度相似的两个数据集上进行了测试，分别是 bibSonomy. org 和 del. icio. us。这两个数据集都是英文资源，但本章所提算法不是从语言学的角度进行标签的语义分析，而是间接根据标签的共同标记关系推断其相关关系，因此本章所提算法同样适用于中文资源。

bibSonomy. org 是一个社会书签和文献标记系统。本章实验采用来自其网站提供的 2007 年 12 月的测试数据集（http：//www. bib-sonomy. org/faq\#faq - dataset - 1）。该测试数据集包括 1037 个用户、28648 个知识资源以及 86563 个标签。del. icio. us 是一个书签收藏与分享网站，其中包括 2900 个用户、113443 个知识资源和 583137 个书签。

对于每个数据集，采用五重交叉验证方法进行实验，即把每个数据集中的用户等分为五个部分，其中 80% 作为执行聚类算法的数据集，另外 20% 的用户用作测试案例。由于这 20% 的用户已经有标记的资源，所以对于每一个用户，采用其所使用过的一个标签作为查询标签，该标签标记的资源有理由相信应该是用户感兴趣的资源，如果执行算法推荐的结果是所有用户感兴趣的资源都被作为推荐结果并且排名靠前，则该算法是有效的。

为了比较，分别用三种方法进行实验，第一种是基本的推荐算法，第二种是把本章的两阶段推荐算法中的聚类方法改为均值聚类，第三种是本章的基于图聚类两阶段个性化推荐算法。对两个数据集，分别用这三种算法进行实验，并采用前 n 项返回结果（TopN）中的召回率（Recall）值作为衡量指标。

实验结果如图 8 - 6 和图 8 - 7 所示，其中纵坐标 $Top - n - Recall$ 值是 5 次测试结果的平均值，横坐标 TopN 表示选取推荐结果中的排序靠前的资源数量。

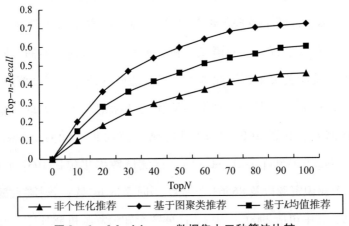

图 8 - 6 del · icio · us 数据集上三种算法比较

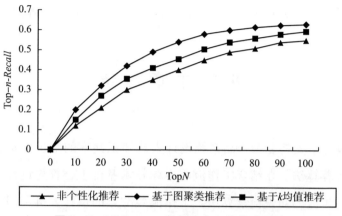

图 8 – 7　bibSonomy 数据集上三种算法比较

可以看出，对于两个数据集，本章的基于图聚类的两阶段推荐算法优于基本的推荐算法和基于 k 均值聚类的推荐算法。另外还观察到的一个现象是基于图聚类的两阶段推荐算法在 del. icio. us 数据集上更为有效。原因是 bibSonomy 数据集是一个专业的文献标记系统，其数据密度较高，同义标签和多义标签的现象较少，因此通过聚类产生个性化推荐的作用不是很明显，而且随着返回结果数的增加很快达到最大值之后作用几乎消失。del. icio. us 数据集数据稀疏，且主题范围更宽，因而其标签会发生更多的同义标签和多义标签问题，因此本章的基于图聚类的两阶段推荐算法作用更加明显，这表明本章设计的算法适宜于复杂产品系统中门类众多的知识资源推荐。

下一步的研究中可以考虑采用关联分析发现标签之间的联系，即把复杂产品知识管理系统中的每一个知识资源视为一个事物，每个用户对该资源所用的标签视为一组事物项，这样标签之间关联挖掘的问题就可转换为事物数据库中事物项的关联挖掘。也可以同时考虑对用户聚类和对资源聚类，以进一步提高个性化推荐的效果。

8.4 本章总结

设计了支持复杂产品系统设计人员知识共享的知识检索算法和知识推荐算法。在结合工作流与本体技术基础上，首先设计了基于虚拟知识流的知识检索算法，工作流各节点的设计人员利用本体编辑工具建立本节点的知识本体，其次各节点设计人员就可以根据自己在工作流中的知识需求指定工作流各节点本体视图生成参数和虚拟知识流生成参数运行算法得到虚拟知识流，方便了工作流各节点设计人员的知识共享。此外还设计了复杂产品系统知识的标注与个性化推荐算法。首先基于图聚类算法把系统中语义相近的标签构成聚类，最后以标签聚类为中介衡量特定用户和资源的相关度。在bibSonomy 和 del. icio. us 两个数据集上进行了测试，并和另外两种算法进行了对比。实验结果显示应用该算法产生的推荐，其性能优于对比算法，在涵盖众多学科门类的复杂产品知识系统中效果尤为明显。

第 9 章

复杂产品系统决策知识
共享支持算法

9.1 引　　言

我国系统工程与管理科学专家、院士王众托指出，决策不仅是一个信息处理过程，更是一个知识获取、共享、应用和创新的过程[218]。除了例行性决策外，大多数复杂产品系统决策都是一种创新，而且重大决策都是由集体做出的。因此复杂产品系统决策的过程就是一个集体知识创造的过程，而知识创造过程离不开隐性知识和显性知识的共享和转化过程[6]。而且在复杂产品系统决策中显性知识与隐性知识所起的作用是不同的，隐性知识在管理决策中具有直接作用，复杂产品系统决策者最终是依赖大脑中的隐性知识进行决策。显性知识则具有间接作用，通过内化为隐性知识发挥出它所具有的洞察能力，因此复杂产品系统决策中隐性知识共享更加重要。

显性知识容易表达和编码，借助于计算机与网络通信技术就容易实现知识共享。而隐性知识是经验、直觉等，难以编码和传输，只能在有经验的个人之间有效地传递，一般需要广泛的个人接触、经常性的互动，因此复杂产品系统决策知识共享支持系统需要在人与计算机的交互过程中进行。

决策错误的原因表面上看通常是由于信息不足或不准确，但根本的原因往往还是知识不足。正如第 2 章在知识概念分析中所指出的，信息的采集与筛选也需要知识的指导。人们一方面感到信息不准确、不充分，但同时又在通过各种媒体传来的大量信息面前不知如何选择正确有用的信息，造成这种困惑的原因就是缺乏了知识的引导。

面对日益加剧的全球竞争，企业做出高质量和及时的决策对于任何企业的成功都是至关重要的。为此，复杂产品系统企业更倾向于采用团队参与关键决策过程，通过共享知识做出决策能够提供一系列优势，理想情况下由于团队的集体知识和技能大于个人，团队的决策将比个人决策更能发挥组织的知识资源。

复杂产品开发工程管理不仅需要战略决策，而且在复杂产品开发工程管理的各个阶段都需要决策[45]。复杂产品开发工程管理需要各参与方对各种备选方案进行决策，这是多学科交叉、多约束、强耦合条件下的多目标优化决策问题，具有客户定制以及产品、技术、目标和研发过程复杂的特征。参与决策评审人员的个人显性知识和隐性知识的不同导致了评审人员的偏好序不同，因此需要通过多次深入知识共享后偏好序才能趋于一致。

组织的知识基础观认为组织的规章、例程等显性集体知识可以提高组织效率，但为了解决复杂不确定的问题就必须更加重视基于充分共享隐性知识的共识决策，格兰特指出"企业知识基础观的主要贡献在于提高了对沟通隐性知识的困难和共识决策高昂成本的认识"[51]。

本章构建的复杂产品系统决策知识共享支持算法的目的就是从所有参与决策评审人员的方案排序中产生能最大限度地反映决策员工隐性知识的共识排序，同时产生存在排序分歧的方案以供评审人员共享关于该方案的知识，扩大共识，然后参与评审人员再一次给出各自的排序，算法则再产生形成共识的排序和存在分歧的排序，循环往复，直至最终全部方案都形成了排序，即最终决策方案。该方法试图提升个人意见的表达，通过吸收不同的意见，增加创新方案出现的可能性和最终决策的合理性。

为此，将群排序集结算法应用于复杂产品系统方案决策过程中，以发现满足最小支持度和最大冲突度的排序以及支持度不高存在冲突意见的排序，大部分已有的群排序集结算法的结果都是产生一个关于备选项目的全排序[219]，但在很多情况下这样的结果不符合共识决策的原则。如表 9-1 所示，所有评审人员支持 A > D > E，但对于 A 和 C、B 和 C 以及 C 和 D 存在很大意见冲突。在这种情况下，现有的不同算法会产生不同的排序，如 A > B > D > C > E 或者 C > A > B > D > E。因为只有 A > D > E 是一致共识，所以无论以上哪种全排序都不合理。在这种情况下，复杂产品系统开发方案的决策过程就要求集结算法应能够产生代表共识的部分排序，同时能够输出冲突项目以备决策人员进一步沟通和讨论，分享各自关于分歧方案的知识，进一步扩大共识。

表 9 – 1　　　　　　　　　　决策人员的方案排序

决策人员	方案排序
U1	A > B > D > E > C
U2	A ≥ B > D > C > E
U3	C > B ≥ A > D > E
U4	C ≥ A > B > D > E

也有的群排序集结算法虽然能够产生只包含部分项目的集结结果，但是这些算法的原理是首先定义排序之间的距离[220]，其距离概念无法在共识决策过程中找到合理解释，没有实际含义，从而也就无法利用该距离找出需要进一步沟通和讨论的项目，因此无法支持复杂产品系统方案的决策过程。

为了支持复杂产品系统方案决策过程，本章设计的算法思想是通过构建共识排序树从决策人员给出的排序中找出已达成的最大共识排序和需要进一步协商的项目，其应用过程见图 9 – 1。该算法具有下列优点：

（1）允许决策人员提供全部排序或者部分排序，并且产生的结果也因依赖于自定义的支持度和冲突度这两个参数而可能是全排序结果或者部分排序结果，而不是硬性输出全排序结果。

（2）决策人员经常对方案存在较大的意见冲突，本章算法可以找出这些冲突的方案以供决策人员进一步协商以尽可能取得共识，满足共识决策的要求。

本章首先给出问题定义及相关概念，在此基础上详述算法流程，并报告对算法进行的一系列实验所测试的算法性能。

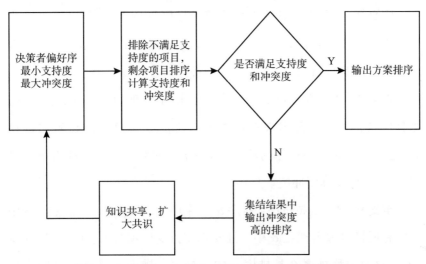

图 9 – 1　支持知识共享的复杂产品系统方案决策过程

9.2　问题与概念定义

设 $I = \{i_1, i_2, \cdots, i_m\}$ 为待评价的项目，排序 $Rank := p_1$, $p_2, \cdots, p_n$ 表示项目的一个有序排列，其中 $p_i \in I$，$1 \leq i \leq n$，一个项目不能在序列中重复出现，但可以不出现。排序也可以用 $Rank := p - P$ 表示，其中 p 是排序中的第一个项目，P 是 $Rank$ 中除 p 之外的其他项目构成的排序。当 p_{i+1} 出现在 p_i 后则表示项目 p_i 优于 p_{i+1}，这种"优于"关系具有传递性。排序 $p_1, p_2, \cdots, p_n$ 中项目的个数称为项目的长度，用 $|p_1, p_2, \cdots, p_n|$ 表示。只有两个项目的排序 $p_i p_{i+1}$ 称为项目对，这时也可用记号 $p_i - p_{i+1}$ 表示该排序。DB 是评审人员评审记录的集合，每条记录包括两个字段，即评审人员 uid 字段和 $Rank$ 字段。

定义 9-1 项目对的支持排序：排序支持项目对 $p_i - p_{i+1}$，当且仅当 p_i 和 p_{i+1} 都出现在排序中，且 p_i 的位置出现在 p_{i+1} 之前，这时称该排序为项目对 $p_i - p_{i+1}$ 的支持排序。

定义 9-2 项目对的冲突排序：排序与项目对 $p_i - p_{i+1}$ 冲突，当且仅当 p_i 和 p_{i+1} 都出现在排序中，且 p_i 在排序中的位置出现在 p_{i+1} 之后，这时称该排序为项目对 $p_i - p_{i+1}$ 的冲突排序，或者称项目对 $p_i - p_{i+1}$ 与该排序冲突。

定义 9-3 支持排序：排序 α 支持另一个排序 β，如果（1）β 中的所有项目对都出现在 α 中，且 α 都支持这些项目对；（2）$|\alpha| \geq |\beta|$。这时也称排序 β 是排序 α 的子排序，排序 α 是排序 β 的超排序。排序之间的支持关系是非对称的。

定义 9-4 冲突排序：排序 α 与另一个排序 β 冲突，当且仅当排序 α 中存在一个项目对与排序 β 冲突。可以证明排序的冲突关系是对称关系。

定义 9-5 未知关系：排序 α 与另一个排序 β 是未知关系，如果（1）排序 α 不与排序 β 冲突；（2）排序 α 中存在至少一个项目在排序 β 中没有出现。

定义 9-6 排序的支持度和冲突度：设 $|DB|$ 表示所有的排序数量。排序 α 的支持度为：

$$supp(\alpha) = \frac{|\{R_i \mid R_i \in DB \land R_i \text{ 支持 } \alpha\}|}{|DB|} \qquad (9-1)$$

排序的冲突度为：

$$conf(\alpha) = \frac{|\{R_i \mid R_i \in DB \land R_i \text{ 与 } \alpha \text{ 冲突}\}|}{|DB|} \qquad (9-2)$$

定义 9-7 共识排序：设最小支持度 *MinSupp* 和最大冲突度

MaxConf，如果排序 α 满足下列条件，则该排序称为共识排序。

$$supp(\alpha) \geqslant MinSupp \quad 并且 \quad conf(\alpha) \leqslant MaxConf \quad (9-3)$$

如果共识排序不是任何其他共识排序的子排序，则该共识排序称为最大共识排序。如果共识排序只有两个项目构成，则称该共识排序为共识排序对。仅满足式 9-3 中 $supp(\alpha) \geqslant MinSupp$ 条件的排序称为频繁排序。

定义 9-8 冲突项目：设 L 表示至少包含两个项目的共识排序的集合。项目 p 如果不出现在 L 中的任何排序中，则称 p 为冲突排序。

定理 9-1 向下闭合性：共识排序的所有子排序也都是共识排序。

证明：从定义 9-3 可知，子排序的支持度不比其超排序的支持度小，根据定义 9-6，子排序的冲突度不会比超排序的冲突度大。因此，所有共识排序的所有子排序也都是共识排序。

定理 9-2 设 $\alpha = i_1, i_2, \cdots, i_n, i_{n+1}$，$A$ 是与 $i_1, i_2, \cdots, i_n$ 冲突的排序集合。则：

$$conf(\alpha) = \frac{\left| A \cup \{与 i_1 i_{n+1} 冲突的集合\} \cup \{与 i_2 i_{n+1} 冲突的集合\} \cup \cdots \cup \{与 i_n i_{n+1} 冲突的集合\} \right|}{|DB|}$$

$$(9-4)$$

证明：设 $\beta = i_1, i_2, \cdots, i_n$，则 $\alpha = \beta - i_{n+1}$，则与 α 冲突的排序要么与 β 冲突，要么与 i_{n+1} 构成的项目对冲突，而 i_{n+1} 构成的项目对就是 $i_1 i_{n+1}$，$i_2 i_{n+1}$，$\cdots$，$i_n i_{n+1}$。根据冲突度的定义，即可得到式 9-5。

定理 9-3 设 $\alpha = \alpha_1 \alpha_2$，如果 β 既支持 α_1 也支持 α_2，且 α_1 以项目 i 结束，α_2 以项目 i 开始，则 β 必支持 α。根据项目之间"优于"关系的传递性容易证明。

定理9－4 设 $\alpha = \alpha_1\alpha_2$，如果 A 是支持 α_1 的排序集合，B 是支持 α_2 的排序集合，则：

$$supp(\alpha) = \frac{|A \cap B|}{|DB|} \qquad (9-5)$$

证明：由定理9－3可知 $A \cap B$ 中的排序都支持 α，另外根据向下闭合性，支持 α 的排序必然也支持 α_1 和 α_2，故由 $A \cap B$ 得到的排序是支持 α 的完备排序集合。根据支持度的定义，即可得到式9－6。

定义9－9 共识排序树 CR-tree 是包含下列成分的数据结构：（1）树结构，包括①树根 R；②结点，包含项目名字；③边，包含边名字、支持度、冲突度、支持排序集和冲突排序集五个信息。其中边名字由父结点（开始结点）和子结点（终端结点）组成，支持度表示从根结点的直接子结点到终端结点构成的排序的支持度，冲突度、支持排序集和冲突排序集也都是针对该排序。规定从树根到直接任意子结点的支持度为无穷大，而其冲突度为0。（2）包含共识项目对信息的表，简称 CP 表。每条记录包括项目对名字、项目对的支持度和冲突度、支持的排序编号和冲突的排序编号，参见表9－2。

表9－2　　　　　　　　　　共识项目对

项目对	supp	conf	支持的排序编号	冲突的排序编号
dg	4	1	1, 2, 5, 7	15
cd	5	0	3, 4, 5, 7, 8, 11, 12	
de	5	0	3, 4, 9, 10, 11, 12, 14	
eh	3	0	3, 9, 10	
ab	3	2	7, 8, 12	11, 15
ce	4	0	3, 4, 11, 12	

9.3　共识排序树的构建算法

考虑由表 9 - 3 构成的排序数据集，其中每条记录包含两个字段：*uid* 和排序，*uid* 表示参与评审人员的编号，排序是评审人员按照优先级给出的项目顺序。给定表 9 - 3，并且假定 *MinSupp* 设置为 3/15，*MaxConf* 设置为 2/15。则构建共识排序树的步骤为：

表 9 - 3　　　　　　　　　　**排序数据集**

uid	排序	*uid*	排序
1	dgi	9	bdehi
2	dg	10	bdeh
3	cdehi	11	cdebfa
4	cde	12	cdefab
5	bcdg	13	aic
6	cb	14	die
7	abcdgi	15	igdba
8	abcd		

首先扫描排序数据集，计算所有项目对的支持度和冲突度。将满足支持度 ≥*MinSupp* 且冲突度 ≤*MaxConf* 的项目对插入 CP 表中。为了减少计算冲突度的次数，可以先计算支持度，则不满足支持度 ≥*MinSupp* 的排序不需要插入 CP 表中，不需计算其冲突度。该步骤结束后的共识项目对见表 9 - 3。

（1）创建 CR 树的树根 R。

（2）第二次扫描排序数据集，对于每一个排序，调用 insertTree 函数。完整的算法流程如图 9 - 2 所示。insertTree 函数的流程见图 9 - 3。

Input：排序数据库 *DB* 以及最小支持度 *MinSupp* 和最大冲突度 *MaxConf*
Output：共识排序树
Method：
（1）扫描 *DB*，计算所有排序对的支持度和冲突度，将满足 $Supp \geq MinSupp$ 和 $Conf \leq MaxConf$ 的项目对插入 CP 表中。
（2）创建共识排序树根 R。
（3）For（*DB* 中的每个排序 InRank$_i$）
（4）　　Call insertTree（R，InRank$_i$）
（5）Return CR-tree
Function insertTree（节点 S，排序 $p-P$）：把 $p-P$ 中的所有共识子排序插入共识排序树中后返回
（1）if（排序 $p-P$ 的开始两个项目构成的项目对 ∈ CP 表）｛
（2）　　　if（S 有一个节点名 node-name 为 p 的子节点 N）｛
（3）　　　　　更新边 S-N 的信息，包括支持度、冲突度、支持排序集和冲突排序集
（4）　　　　　call insertTree（N，P）
（5）　　　　｝
（6）　　　else｛
（7）　　　　　按照定理 4 计算从树根 R 经过 S 到 p 这条路径的支持排序集及其支持度 *supp*
（8）　　　　　按照定理 2 计算从树根 R 经过 S 到 p 这条路径的冲突排序集及其冲突度 *conf*
（9）　　　　　if（$supp \leq MinSupp$ 或者 $conf \geq MaxConf$）｛//R 经过 S 到 p 这条路径不是共识排序
（10）　　　　　　　call insertTree（S，P）// R 经过 S 到 p 后面的项目有可能是共识排序，检查并插入
（11）　　　　　　　call insertTree（R，$p-P$）// 从树根开始到 $p-P$ 也可能是共识排序，检查并插入
（12）　　　　　　　return｝
（13）　　　　　创建节点 M，M. node-name $=p$，创建边 S-M，设置边 S-M 信息 //从 R 经过 S 到 p 是共识排序，插入 p
（14）　　　　　　　call insertTree（M，p）　　　//继续插入 p 后面的项目
（15）　　　　　｝
（16）｝
（17）else｛　//排序 $p-P$ 的开始两个项目构成的项目对 ∉ CP 表
（18）　　　if（$\left| P \right| \geq 2$ 非空）｛
（19）　　　　　call insertTree（S，P）// R 经过 S 到 p 后面的项目有可能是共识排序，检查并插入
（20）　　　　　｝
（21）｝

图 9 - 2　共识排序树（CR 树）的构建算法

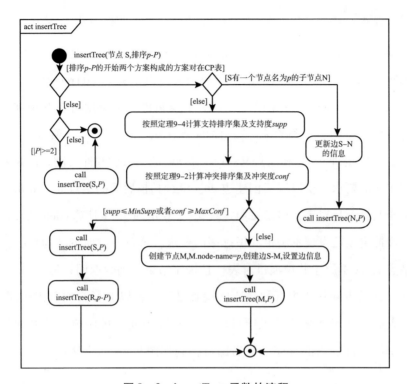

图 9 – 3　insertTree 函数的流程

在 insertTree 函数中的第 7 行，按照定理 9 – 4 计算从树根的第一个子结点到新插入结点构成的排序的支持度及支持的排序集合。在第 8 行，按照定理 9 – 2 计算从树根的第一个子结点到新插入结点构成的排序的冲突度及和该排序冲突的排序集合。

对于表 9 – 2 的排序数据集，按照该算法建立的共识排序树见图 9 – 4。按照该算法，首先扫描排序 dgi，因为规定 Rd 支持度为无穷大，冲突度为 0，满足 $supp \geqslant MinSupp$ 和 $conf \leqslant MaxConf$，所以创建树根的直接子结点 d，继续递归处理结点 g，这时 dg 属于共识项目对表，依据定理 9 – 2 和定理 9 – 4 计算其冲突度和排序度且满足最大共识排序的定义，所以创建 g 结点。但扫描到 i 时因为 gi 不属于共识项目对表，并且排序已经扫描结束，函数 insertTree 返回。接着扫描排序 dg，这两个结点都已经在树中，所以函数 insertTree 返回。接着扫描排序 cdehi，首先创建边 cd，其支持度和冲突度可在共识项目对表中直接得到。继续扫描后面的结点 e，de 属于共识项目对表，并且按照定理 9-2 和定理 9-4 计算 cde 的支持度和冲突度，满足共识排序的要求，所以继续创建边 de。继续扫描后面的结点 h，eh 虽然属于共识项目对表，但是按照定理 9-2 和定理 9-4 计算 cdeh 的支持度和冲突度后发现不满足共识排序的要求，这时一方面继续向后扫描结点 i，ei 不属于共识项目对表，且排序结束，函数返回；另一方面，从 h 开始重新从树根开始插入，检查是否存在以 h 开头的共识排序，检查后发现 hi 不属于共识项目对表，边 hi 不插入排序树。按照此过程继续处理后面的排序，最后即可得到如图 9-4 的排序树。

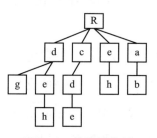

图 9-4 共识排序树

在共识排序树构建后，从树根的子结点开始到叶结点的每一条路径即为最大共识排序。在图 9-4 构建的共识排序树中，得到的最大共识排序为 dg、deh、cde、eh、ab。冲突项目为 f 和 i。根据排序关系的传递性，集结结果可以用图 9-5 表示，用有向图表示最大共识排序，其中箭头从 a 指向 b 表示 a 优于 b。横线以上部分中的图表示最大共识排序，横线以下部分表示冲突项目。有趣的是此结果中的有向图并非联通图，而是由两个子图构成，原因是评审人员提供的排序中 a、b 两个项目很少和 c、d、e、g、h 中的项目同时出现，没有达到指定的支持度，所以导致这些项目无法比较。这种情况下评审人员应当对两个子图中的项目之间关系进行磋商，交流相关知识，以期在下一轮进行排序集结时能够形成联通图。

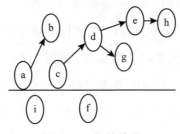

图 9 - 5　集结结果

9.4　实验结果

为了验证算法的有效性，使用合成数据进行了一系列实验。算法采用 Java 实现，实验平台为 Duo CPU T2350，1G 内存，Windows XP 操作系统。

9.4.1　模拟数据的生成

在模拟数据生成过程中用到的参数见表 9 - 4。

表 9 – 4 数据生成过程中的参数

参数	描述
$|U|$	评审人员数量
$|I|$	项目个数
mr	缺评比率
sr	交换比率

每个合成的数据集包括 $|U|$ 位参与评审人员，每位参与评审人员给出一个排序，所以 $|U|$ 也是排序的个数。每个排序的生成过程是：首先随机产生一个包括 $|I|$ 个项目的种子排序，其次根据参数 mr 和 sr 在种子排序的基础上生成部分排序。缺评比率表示种子排序中移除多少个项目，交换比率决定排序中要交换位置的项目个数。越高的缺评比率表示排序越不完整，越高的交换比率表示排序之间会有越多的冲突。在种子排序基础上采用两步法生成评审人员的排序：（1）随机选择移除种子排序中的 $mr\%$ 项目；（2）随机选择 $sr\%$ 项目交换位置。

9.4.2 算法性能

首先设置最低支持度为 0.35，最高冲突度从 0.05 变化到 0.2。最高冲突度对算法性能的影响见图 9 – 6。图 9 –6(a) 表示固定缺评比率 mr，实验在不同的交换比率 sr 情况下最高冲突度对算法性能的影响。图 9 –6(b) 表示固定交换比率 sr，实验在不同的缺评比率 mr 情况下最高冲突度对算法性能的影响。可看到两种情况下随着最高冲突度的增加，算法的运行时间也在增加。这是因为当最高冲突度增加时，共识排序的数量增加，构建共识排序树相应需要更多时间。同时从图 9-6 中可以看出，当 mr 和 sr 增加时，运行时间相应减少。这是因为随着 mr 和 sr 的增加，排序之间发生冲突的可能性更高，能够达成的共识排序更少，共识排序树的构建时间也相应减少。

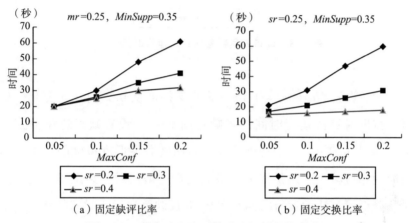

（a）固定缺评比率　　　　　　（b）固定交换比率

图 9-6　最高冲突度对算法运行时间的影响

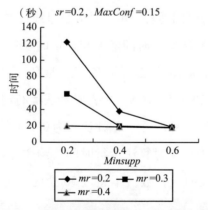

图 9-7　最低支持度对算法运行时间的影响

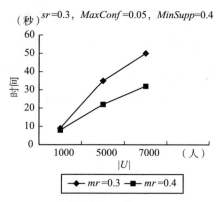

图 9 – 8　评审人员数量对算法运行时间的影响

　　然后设置 $MaxConf = 0.15$，最低支持度从 0.2 到 0.6 变化。最低支持度对算法运行时间的影响见图 9 – 7。设置缺评比率分别为 0.2、0.3 和 0.4，无论哪种情况都表明随着最低支持度的增加，运行时间相应减少。这是因为当最低支持度增加时，共识排序数量减少，降低了算法的运行时间。图 9 – 8 反映算法运行时间随参与评审人员数量的变化趋势，其中评审人员从 1000 人变化到 7000 人，并且设置最低支持度和最高冲突度分别为 0.4 和 0.05。从图 9 – 8 中可以看出算法运行时间随着评审人员数量呈线性增长。

　　图 9 – 9 反映算法运行时间随参与评审的项目数量的变化趋势，其中项目数量 $|I|$ 从 25 个变化到 75 个，最高冲突度和最低支持度分别固定为 0.05 和 0.5。图 9 – 9 表明算法运行时间随着 $|I|$ 呈指数增长。在项目数量为 75 个，缺评比率为 0.3 时算法运行时间为约 80 秒，缺评比率为 0.4 时算法运行时间为约 30 秒，这在一般实时性要求不高、涉及的项目数量不超过 50 个时，可以满足实际应用需求。

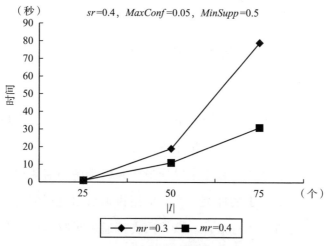

图 9 – 9   项目数量对算法运行时间的影响

为了支持复杂产品系统方案共识决策过程中的知识共享，本章设计的在不完整排序基础上的排序集结算法特点是首先找出共识项目对，并基于共识项目对构建共识排序树，从树根的直接子结点开始到叶结点的每一条路径即为最大共识排序。在复杂产品系统候选方案决策过程中评审人员首先给出排序，其次应用本算法发现最大共识排序和冲突排序，参与决策的评审人员可以就这些冲突排序相关的知识进一步交流，再次给出各自的排序并集结，最终可从参与决策的评审人员的排序中发现满足决策者预先设定的最高冲突度和最低支持度的最大共识排序，最后即可通过该最大共识排序做出最后决策。通过实验最低支持度和最高冲突度这两个算法参数、项目缺评比率和交换比率这两个排序数据特征、参与决策的评审人员数量和候选项目数量对算法运行时间的影响，表明了这种计算方法的有效性，可以满足应用需求。

9.5 本章总结

为了支持复杂产品系统方案决策中的知识共享，引入最大共识排序概念，设计了基于共识排序树的复杂产品系统决策知识共享算法。该算法能够从排序数据中发现最大共识排序和需要进一步进行知识交流、扩大共识的冲突方案。应用模拟数据进行实验，结果表明了这种计算方法的有效性。该算法支持通过吸收不同参与决策人员的知识而增加创新方案出现的可能性和最终决策的合理性。

附录：复杂产品知识共享模型实证研究量表与检验数据

附表 1　　　　　复杂产品知识共享模型相关变量测量

变量	问题项与编号	参考文献
知识共享自我效能（KSSE，Cronbach's 0.87）	KSSE1 我能熟练掌握知识共享所需的相关技术手段，能较准确明白地以口头或书面表达我的思想、观点和经验 KSSE2 我有信心给我单位其他人提供有价值的知识 KSSE3 我有能力向我的组织贡献有价值的知识和经验 KSSE4 我是否通过知识管理系统贡献知识对我的组织和其他人员没什么影响 KSSE5 大部分其他员工有能力贡献比我贡献的知识价值更高的知识	坎坎哈利[74]苏[221]
个人声誉（PR）	PR1 通过知识管理系统中的知识共享能够赢得别人的尊重 PR2 我认为积极参与知识共享能够提高我的威信，同事和领导更加重视我 PR3 积极参加知识共享有助于建立个人良好声誉，有利于我的职业发展	瓦斯科和法拉吉[73]
社会联结（TIE）	TIE1 我和知识管理系统中的其他用户及周围同事保持着密切社会关系 TIE2 我会花很多时间和知识管理系统中的其他用户及周围同事进行互动交流 TIE3 与周围同事比较，我和更多的知识管理系统中的用户保持联系	蔡和达斯等[82]

变量	问题项与编号	参考文献
信任 （TRUST）	TRUST1 我相信知识管理系统的用户都会尊重他人所贡献的知识 TRUST2 我相信知识管理系统的用户不会获得和利用未授权的知识 TRUST 3 我相信知识管理系统的用户会正当利用他人所贡献的知识 TRUST4 我相信知识管理系统的用户都会尽力贡献自己的知识	坎坎哈利，谭等[74]
互惠规范 （RECI）	RECI1 我通过知识管理系统分享知识帮助别人，希望在我需要时有人能帮助我 RECI2 我在知识管理系统中获得了知识和帮助，因此我会努力贡献知识以体现公平 RECI3 我相信如果我在知识管理系统中提出问题其他用户会帮助我	瓦斯科和法拉吉[73]
身份认同感 （IDEN）	IDEN1 我感到在知识管理系统的用户群中有一种归属感 IDEN2 我非常认可知识管理系统中的用户 IDEN3 我认同知识管理系统中所提倡的价值观	格鲁特尔特（Grootaert），那拉扬（Narayan）等[222]
共同知识和语言（COLA）	COLA1 我对工作所涉及专业领域的符号、用语、词义都很清楚 COLA2 我能很好理解他人所讲的专业术语 COLA3 对于他人描述的问题和提供的知识，我能很快理解	柯江林，石金涛等[168]
信息技术支持度（ITSUPP）	我的组织中实施的知识管理系统能够： ITSUPP1 提供社会网络服务，允许根据兴趣和专业查找其他用户 ITSUPP2 查找现实中的专业兴趣小组，并获取这些小组的相关活动信息 ITSUPP3 提供很多虚拟社区，在其中可以交流各种专业问题 ITSUPP4 可以提交文档化的知识，并能获得其他用户浏览我提交的知识文档的信息，也可以查看其他用户对我提交的知识的评价 ITSUPP5 可以查找领域专家，能很容易从领域专家获得帮助，系统可以记录其对我的帮助	李和崔[174]

变量	问题项与编号	参考文献
组织报酬（ORRE）	ORRE1 我通过知识管理系统分享知识，重要目的是得到更高的薪水 ORRE2 我通过知识管理系统分享知识，能够获得更加稳固的职业安全 ORRE3 我通过知识管理系统分享知识，能够获得我希望的任务分配 ORRE4 我通过知识管理系统分享知识，有助于我将来获得职位提升	坎坎哈利，谭等[74]
基于知识管理系统的知识共享（知识管理系统 KS）	KS1 我经常通过知识管理系统帮助他人解决相关问题 KS2 我经常积极参与知识管理系统中的各种讨论 KS3 我通过知识管理系统向他人提供知识，使他们产生了新的见解	马和阿加瓦尔[151]
创新绩效（INOPER）	INOPER 1 在过去的 3 年里，新产品或改进产品（货物或服务）投放市场的数量超过了所在行业的平均水平 INOPER 2 在过去的 3 年里，新流程或改进流程的数量超过了所在行业的平均水平 INOPER 3 在过去三年里，新的或改进的管理实践的数量超过了所在行业的平均水平 INOPER 4 在过去的三年里，新的或改进的营销方法的数量超过了所在行业的平均水平	经济合作与发展组织/欧盟统计局[172]，索托科斯塔等[173]
安全运行（SAFEOPE）	SAFEOPE1 在过去的 3 年里，产品安全运行指标超过了所在行业的平均水平 SAFEOPE2 在过去的 3 年里，服务保障系统安全运行指标超过了所在行业的平均水平 SAFEOPE3 在过去的 3 年里，产品系统安全运行水平得到了客户的充分肯定	本研究自行设计
知识复杂性（CPLEX）	CPLEX1：我从事的工作知识密集度很高 CPLEX2：我的工作涉及的专业知识与其他相关领域依赖度高	本研究自行设计

附表 2　　　复杂产品知识共享模型相关变量效度和信度

变量	指标	载荷	Cronbach 系数	平均萃取方差（AVE）	组合信度（CR）
KSSE	KSSE1	0.838	0.882	0.732	0.916
	KSSE2	0.830			
	KSSE3	0.852			
	KSSE4	0.901			
PR	PR1	0.888	0.862	0.774	0.911
	PR2	0.817			
	PR3	0.931			
TIE	TIE1	0.901	0.866	0.788	0.918
	TIE2	0.917			
	TIE3	0.843			
TRUST	TRUST1	0.890	0.912	0.792	0.938
	TRUST2	0.908			
	TRUST3	0.867			
	TRUST4	0.894			
RECI	RECI1	0.780	0.780	0.693	0.871
	RECI2	0.841			
	RECI3	0.874			
IDEN	IDEN1	0.898	0.870	0.794	0.920
	IDEN2	0.895			
	IDEN3	0.878			
COLA	COLA1	0.841	0.854	0.771	0.910
	COLA2	0.883			
	COLA3	0.908			

变量	指标	载荷	Cronbach系数	平均萃取方差（AVE）	组合信度（CR）
ORRE	ORRE1	0.892	0.872	0.721	0.912
	ORRE2	0.867			
	ORRE3	0.843			
	ORRE4	0.792			
KMS	KMSKS1	0.838	0.857	0.778	0.913
	KMSKS2	0.885			
	KMSKS3	0.921			
SAFEOPE	SAFEOPE1	0.784	0.867	0.812	0.894
	SAFEOPE2	0.987			
	SAFEOPE3	0.768			
INOPER	INOPER1	0.823	0.823	0.697	0.879
	INOPER2	0.775			
	INOPER3	0.822			
	INOPER4	0.821			
CPLEX	CPLEX1	0.873	0.872	0.831	0.859
	CPLEX2	0.858			

注：所有载荷在 $p < 0.01$ 水平显著。

附表3　　　　　　变量相关系数与区别效度

变量	COLA	IDEN	ITSUPP	知识管理系统 KS	KSSE	ORRE	PR	RECI	TIE	TRUST
COLA	0.878									
IDEN	0.170	0.891								
ITSUPP	−0.058	−0.015	N/A							

续表

变量	COLA	IDEN	ITSUPP	知识管理系统 KS	KSSE	ORRE	PR	RECI	TIE	TRUST
知识管理系统 KS	0.151	0.173	0.309	0.882						
KSSE	0.037	-0.010	0.045	0.188	0.856					
ORRE	-0.023	-0.212	0.027	0.200	0.052	0.849				
PR	-0.042	-0.020	0.031	0.188	0.096	-0.079	0.880			
RECI	-0.189	0.030	0.060	0.157	0.001	0.049	-0.010	0.832		
TIE	0.007	0.013	0.053	0.509	-0.018	0.179	0.018	0.102	0.888	
TRUST	0.046	-0.135	0.114	0.262	0.034	-0.047	-0.080	0.045	0.110	0.890

注：对角线上黑体数字表示 AVE 的平方根，其他数字表示变量之间的相关系数，所有相关系数在 $p < 0.05$ 水平显著。

附表 4　　　构成性变量信息技术支持度的测量项目权重

测量项目	权重	标准差	t 值	显著性
ITSUPP1	0.526	0.173	3.039*	$p < 0.01$
ITSUPP2	0.469	0.175	2.685*	$p < 0.01$
ITSUPP3	0.481	0.162	2.965*	$p < 0.01$
ITSUPP4	0.663	0.144	4.591*	$p < 0.01$
ITSUPP5	0.234	0.193	1.208	不显著

参 考 文 献

［1］ SERENKO A, BONTIS N. Global ranking of knowledge management and intellectual capital academic journals: a 2021 update ［J］. Journal of Knowledge Management, 2022, 26 (1): 126 – 145.

［2］ 吕旭龙. "葛梯尔问题" 的实质与马克思主义知识观的回应 ［J］. 哲学动态, 2011, (3): 34 – 41.

［3］ NONAKA I. The knowledge-creating company: how Japanese companies create the dynamics of innovation ［M］. New York: Oxford University Press, 1995.

［4］ ZELENY M. Management support systems: Towards integrated knowledge management ［J］. Human Systems Management, 1987, 7 (1): 59 – 70.

［5］ ACKOFF R L. From data to wisdom ［J］. Journal of Applied Systems Analysis, 1989, 16: 3 – 9.

［6］ NONAKA I. Organizational Knowledge Creation Theory: Evolutionary Paths and Future Advances ［J］. Organization Studies, 2006, 27 (8): 1179 – 1208.

［7］ WIIG K M. Knowledge management: an emerging discipline

rooted in a long history ［M］. Knowledge horizons: the present and the promise of knowledge management. Butterworth-Heinemann. 2000: 3 – 27.

［8］ NONAKA I, VON KROGH G. Tacit Knowledge and Knowledge Conversion: Controversy and Advancement in Organizational Knowledge Creation Theory ［J］. Organization Science, 2009, 20 （3）: 635 – 652.

［9］ BLACKLER F. Knowledge, knowledge work and organizations: An overview and interpretation ［J］. Organization Studies, 1995, 16 （6）: 1021 – 1046.

［10］ ALAVI M, LEIDNER D E. Review: Knowledge management and knowledge management systems: Conceptual foundations and research issues ［J］. Mis Quarterly, 2001, 25 （1）: 107 – 136.

［11］ DAVENPORT T. Saving It's Soul: Human Centered Information Management ［J］. Harvard Business Review, 1994, 72 （2）: 129.

［12］ DRUCKER P. The age of social transformation ［J］. The Atlantic Monthly, 1994, 274 （5）: 53 – 70.

［13］ WANG S, NOE R A. Knowledge sharing: A review and directions for future research ［J］. Human Resource Management Review, 2010, 20 （2）: 115 – 131.

［14］ ZHOU K Z, LI C B. How knowledge affects radical innovation: Knowledge base, market knowledge acquisition, and internal knowledge sharing ［J］. Strategic Management Journal, 2012, 33 （9）: 1090 – 1102.

［15］ HO H, GANESAN S. Does Knowledge Base Compatibility Help or Hurt Knowledge Sharing Between Suppliers in Coopetition? The

Role of Customer Participation [J]. Journal of Marketing, 2013, 77 (6): 91 –107.

[16] SCHWARTZ D G, TE'ENI D. Encyclopedia of knowledge management [M]. Hershey: Information Science Reference, 2011.

[17] NONAKA I, PELTOKORPI V. Knowledge-based view of radical innovation: Toyota Prius case [M]//HAGE J, MEEUS M. Innovation, Science and Institutional Change: A Research Handbook. R&D Management. 2009: 88 – 104.

[18] SUH Y. A global knowledge transfer network: the case of Toyota's global production support system [J]. International Journal of Productivity and Quality Management, 2015, 15 (2): 237 –251.

[19] SUH Y. Knowledge Network of Toyota: Creation, Diffusion, and Standardization of Knowledge [J]. Annals of Business Administrative Science, 2017, 16 (2): 91 –102.

[20] SAKO M. Supplier development at Honda, Nissan and Toyota: comparative case studies of organizational capability enhancement [J]. Industrial and Corporate Change, 2004, 13 (2): 281 –308.

[21] 国务院. 国务院关于印发《中国制造2025》的通知 [S]. 2015.

[22] NICKERSON J A, ZENGER T R. A knowledge-based theory of the firm-the problem-solving perspective [J]. Organization Science, 2004, 15 (6): 617 –632.

[23] MILLS A M, SMITH T A. Knowledge management and organizational performance: a decomposed view [J]. Journal of Knowledge

Management, 2011, 15 (1): 156 – 171.

[24] EDMONDSON A C. The competitive imperative of learning [J]. Harvard Business Review, 2008, 86 (7 – 8): 60 – 67.

[25] NONAKA I, TOYAMA R, KONNO N. SECI, ba and leadership: a unified model of dynamic knowledge creation [J]. Long Range Planning, 2000, 33 (1): 5 – 34.

[26] SPENDER J C. Making knowledge the basis of a dynamic theory of the firm [J]. Strategic Management Journal, 1996, 17: 45 – 62.

[27] TEECE D J. Explicating dynamic capabilities: the nature and microfoundations of (sustainable) enterprise performance [J]. Strategic Management Journal, 2007, 28 (13): 1319 – 1350.

[28] JOHANNESSEN J-A. Organisational innovation as part of knowledge management [J]. International Journal of Information Management, 2008, 28 (5): 403 – 412.

[29] POPADIUK S, CHOO C W. Innovation and knowledge creation: How are these concepts related? [J]. International Journal of Information Management, 2006, 26 (4): 302 – 312.

[30] XU S. Balancing the Two Knowledge Dimensions in Innovation Efforts: An Empirical Examination among Pharmaceutical Firms [J]. Journal of Product Innovation Management, 2015, 32 (4): 610 – 621.

[31] ROPER S, HEWITT-DUNDAS N. Knowledge stocks, knowledge flows and innovation: Evidence from matched patents and innovation panel data [J]. Research Policy, 2015, 44 (7): 1327 – 1340.

[32] MARTíN-DE CASTRO G, MARTíN-DE CASTRO G,

LóPEZ-SáEZ P, et al. Towards a knowledge-based view of firm innovation. Theory and empirical research [J]. Journal of Knowledge Management, 2011, 15 (6): 871 – 874.

[33] DRUCKER P F. Post-Capitalist Society [M]. HarperInformation, 1993.

[34] HOBDAY M. The project-based organisation: an ideal form for managing complex products and systems? [J]. Research Policy, 2000, 29 (7 – 8): 871 – 893.

[35] PEMSEL S, WIEWIORA A, MüLLER R, et al. A conceptualization of knowledge governance in project-based organizations [J]. International Journal of Project Management, 2014, 32 (8): 1411 – 1422.

[36] RANGACHARI P. Knowledge sharing networks in professional complex systems [J]. Journal of Knowledge Management, 2009, 13 (3): 132 – 145.

[37] AALTONEN A, LANZARA G F. Building Governance Capability in Online Social Production: Insights from Wikipedia [J]. Organization Studies, 2015, 36 (12): 1649 – 1673.

[38] 乐承毅, 徐福缘, 顾新建, 等. 复杂产品系统中跨组织知识超网络模型研究 [J]. 科研管理, 2013, 34 (2): 128 – 135.

[39] GEHMAN H W. Columbia Accident Investigation Board Report. Volume 1 [M]. NASA and GAO, 2003.

[40] HOBDAY M. Product complexity, innovation and industrial organisation [J]. Research Policy, 1998, 26 (6): 689 – 710.

[41] HANSEN K L, RUSH H. Hotspots in complex product sys-

tems：emerging issues in innovation management ［J］. Technovation，1998，18 （8 - 9）：555 - 590.

［42］ DAVIES A，BRADY T，PRENCIPE A，et al. Innovation in Complex Products and Systems：Implications for Project-Based Organizing ［M］. Project-Based Organizing and Strategic Management. 2015：3 - 26.

［43］ GIL N. On the value of project safeguards：Embedding real options in complex products and systems ［J］. Research Policy，2007，36 （7）：980 - 999.

［44］ 杨瑾. 复杂产品制造业集群供应链系统组织模式研究 ［J］. 科研管理，2011，（1）：153 - 160.

［45］ 杨善林，钟金宏. 复杂产品开发工程管理的动态决策理论与方法 ［J］. 中国工程科学，2012，（12）：25 - 40.

［46］ 陈劲，童亮，周笑磊. 复杂产品系统创新的知识管理：以 GX 公司为例 ［J］. 科研管理，2005，（5）：29 - 34，40.

［47］ ETHIRAJ S K. Allocation of inventive effort in complex product systems ［J］. Strategic Management Journal，2007，28 （6）：563 - 584.

［48］ HOBDAY M. Systems integration：a core capability of the modern corporation ［J］. Industrial and Corporate Change，2005，14 （6）：1043 - 1109.

［49］ LEE J J，YOON H. A comparative study of technological learning and organizational capability development in complex products systems：Distinctive paths of three latecomers in military aircraft industry ［J］. Research Policy，2015，44 （7）：1296 - 1313.

［50］ HOBDAY M，RUSH H，TIDD J. Innovation in complex products and system [J]. Research Policy, 2000, 29 (7 - 8): 793 - 804.

[51] GRANT R M. Toward a knowledge-based theory of the firm [J]. Strategic Management Journal, 1996, 17: 109 - 122.

[52] REAGANS R, MCEVILY B. Network structure and knowledge transfer: The effects of cohesion and range [J]. Administrative Science Quarterly, 2003, 48 (2): 240 - 267.

[53] CHUA A. Knowledge sharing: a game people play [J]. Aslib Proceedings, 2003, 55 (3): 117 - 129.

[54] CRESS U, MARTIN S. Knowledge sharing and rewards: a game-theoretical perspective [J]. Knowledge Management Research & Practice, 2006, 4 (4): 283 - 292.

[55] LI Y-M, JHANG-LI J-H. Knowledge sharing in communities of practice: A game theoretic analysis [J]. European Journal of Operational Research, 2010, 207 (2): 1052 - 1064.

[56] 王瑞花. 创新组织内知识共享的演化博弈 [J]. 运筹与管理, 2016, 25 (4): 31 - 38.

[57] 张宝生, 王晓红. 虚拟科技创新团队知识转移稳定性研究——基于演化博弈视角 [J]. 运筹与管理, 2011, 20 (5): 169 - 175.

[58] 孙锐, 赵大丽. 动态联盟知识共享的演化博弈分析 [J]. 运筹与管理, 2009, 18 (1): 92 - 96, 114.

[59] 朱怀念, 刘贻新, 张成科, 等. 基于随机微分博弈的协同创新知识共享策略 [J]. 科研管理, 2017, 38 (7): 17 - 25.

[60] BANDYOPADHYAY S, PATHAK P. Knowledge sharing and

cooperation in outsourcing projects-A game theoretic analysis [J]. Decision Support Systems, 2007, 43 (2): 349 – 358.

[61] MCDERMOTT R, ARCHIBALD D. Harnessing Your Staff's Informal Network [J]. Harvard Business Review, 2010, 88 (3): 82 – 89.

[62] FOSS N J. The Emerging Knowledge Governance Approach: Challenges and Characteristics [J]. Organization, 2007, 14 (1): 29 – 52.

[63] GRANDORI A. Neither Hierarchy nor Identity: Knowledge-Governance Mechanisms and the Theory of the Firm [J]. Journal of Management and Governance, 2001, 5 (3 – 4): 381 – 399.

[64] FOSS N J, MAHONEY J T. Exploring knowledge governance [J]. International Journal of Strategic Change Management, 2010, 2 (2 – 3): 93 – 101.

[65] HANSEN M T, NOHRIA N, TIERNEY T. What's your strategy for managing knowledge? [J]. Harvard Business Review, 1999, 77 (2): 106 – 116.

[66] SCHEEPERS R, VENKITACHALAM K, GIBBS M R. Knowledge strategy in organizations: refining the model of Hansen, Nohria and Tierney [J]. The Journal of Strategic Information Systems, 2004, 13 (3): 201 – 222.

[67] GRAY P H. A problem-solving perspective on knowledge management practices [J]. Decision Support Systems, 2001, 31 (1): 87 – 102.

[68] CHOI B, LEE H. An empirical investigation of KM styles and their effect on corporate performance [J]. Information & Management,

2003，40（5）：403 – 417.

［69］ FUGATE B S, STANK T P, MENTZER J T. Linking improved knowledge management to operational and organizational performance［J］. Journal of Operations Management，2009，27（3）：247 – 264.

［70］ FRAPPAOLO C, CAPSHAW S. Knowledge management software：capturing the essence of know-how and innovation［J］. Information Management，1999，33（3）：44.

［71］ GERRITSEN A L, STUIVER M, TERMEER C J A M. Knowledge governance：An exploration of principles，impact，and barriers［J］. Science and Public Policy，2013，40（5）：604 – 615.

［72］ BECERRA-FERNANDEZ I, SABHERWAL R. Knowledge Management：Systems and Processes［M］. M. E. Sharpe，2010.

［73］ WASKO M M, FARAJ S. Why Should I Share？ Examining Social Capital and Knowledge Contribution in Electronic Networks of Practice［J］. Mis Quarterly，2005，29（1）：35 – 57.

［74］ KANKANHALLI A, TAN B C Y, WEI K K. Contributing knowledge to electronic knowledge repositories：An empirical investigation［J］. Mis Quarterly，2005，29（1）：113 – 143.

［75］ HSU M H, JU T L, YEN C-H, et al. Knowledge sharing behavior in virtual communities：The relationship between trust，self-efficacy，and outcome expectations［J］. International Journal of Human-Computer Studies，2007，65（2）：153 – 169.

［76］王众托. 创建知识系统工程学科［J］. 中国工程科学，2006（12）：1 – 9.

[77] BOCK G-W, SABHERWAL R, QIAN Z. The Effect of Social Context on the Success of Knowledge Repository Systems [J]. Ieee Transactions on Engineering Management, 2008, 55 (4): 536－551.

[78] KING W R, MARKS P V. Motivating knowledge sharing through a knowledge management system [J]. Omega-International Journal of Management Science, 2008, 36 (1): 131－146.

[79] FARAJ S, JOHNSON S L. Network Exchange Patterns in Online Communities [J]. Organization Science, 2011, 22 (6): 1464－1480.

[80] NAHAPIET J, GHOSHAL S. Social capital, intellectual capital, and the organizational advantage [J]. Academy of management review, 1998, 23 (2): 242－266.

[81] SIEMSEN E, ROTH A V, BALASUBRAMANIAN S. How motivation, opportunity, and ability drive knowledge sharing: The constraining-factor model [J]. Journal of Operations Management, 2008, 26 (3): 426－445.

[82] CHAI S, DAS S, RAO H R. Factors Affecting Bloggers' Knowledge Sharing: An Investigation Across Gender [J]. Journal of Management Information Systems, 2011, 28 (3): 309－342.

[83] GEE-WOO B, ZMUD R W, YOUNG-GUL K, et al. Behavioral Intention Formation in Knowledge Sharing: Examining the Roles of Extrinsic Motivators, Social-Psychological Forces, and Organizational Climate [J]. Mis Quarterly, 2005, 29 (1): 87－111.

[84] LIU C C, LIANG T P, RAJAGOPALAN B, et al. The Crow-

ding Effect Of Rewards On Knowledge-Sharing Behavior In Virtual Communities: proceedings of the PACIS, 2011 [C]. Queensland University of Technology: Queensland, Aus. , 2011.

[85] 王娟茹, 杨瑾. 航空复杂产品研发团队知识集成关键影响因素研究 [J]. 科研管理, 2012, 33 (3): 72 - 80.

[86] 李民, 周晶, 高俊. 复杂产品系统研制中的知识创造机理实证研究 [J]. 科学学研究, 2015, 33 (3): 407 - 418.

[87] CARLILE P R. Transferring, Translating, and Transforming: An Integrative Framework for Managing Knowledge Across Boundaries [J]. Organization Science, 2004, 15 (5): 555 - 568.

[88] 邝宁华, 胡奇英, 杜荣. 强联系与跨部门复杂知识转移困难的克服 [J]. 研究与发展管理, 2004, (2): 20 - 25.

[89] HANSEN M T. The Search-Transfer Problem: The Role of Weak Ties in Sharing Knowledge across Organization Subunits [J]. Administrative Science Quarterly, 1999, 44 (1): 82 - 111.

[90] HANSEN M T. Knowledge networks: Explaining effective knowledge sharing in multiunit companies [J]. Organization Science, 2002, 13 (3): 232 - 248.

[91] TORTORIELLO M, REAGANS R, MCEVILY B. Bridging the Knowledge Gap: The Influence of Strong Ties, Network Cohesion, and Network Range on the Transfer of Knowledge Between Organizational Units [J]. Organization Science, 2012, 23 (4): 1024 - 1039.

[92] BIRKINSHAW J, AMBOS T C, BOUQUET C. Boundary Spanning Activities of Corporate HQ Executives Insights from a Longitudi-

nal Study [J]. Journal of Management Studies, 2017, 54 (4): 422 –
454.

[93] LEENDERT AALBERS H, DOLFSMA W. Bridging firm-in-
ternal boundaries for innovation: Directed communication orientation and
brokering roles [J]. Journal of Engineering and Technology Management,
2015, 36: 97 –115.

[94] MINBAEVA D, SANTANGELO G D. Boundary spanners and
intra-MNC knowledge sharing: The roles of controlled motivation and im-
mediate organizational context [J]. Global Strategy Journal, 2018, 8
(2): 220 –241.

[95] MARRONE J A, TESLUK P E, CARSON J B. A multilevel
investigation of antecedents and consequences of team member boundary-
spanning behavior [J]. Academy of Management Journal, 2007, 50
(6): 1423 –1439.

[96] SCHOTTER A P J, MUDAMBI R, DOZ Y L, et al. Bounda-
ry Spanning in Global Organizations [J]. Journal of Management Studies,
2017, 54 (4): 403 –421.

[97] WONG S S, HO V T, LEE C H. A power perspective to in-
terunit knowledge transfer: Linking knowledge attributes to unit power and
the transfer of knowledge [J]. Journal of Management, 2008, 34 (1):
127 –150.

[98] SCHERRER M, DEFLORIN P. Prerequisite for lateral knowl-
edge flow in manufacturing networks [J]. Journal of Manufacturing Tech-
nology Management, 2017, 28 (3): 394 –419.

[99] LOMI A, LUSHER D, PATTISON P E, et al. The Focused Organization of Advice Relations: A Study in Boundary Crossing [J]. Organization Science, 2014, 25 (2): 438 – 457.

[100] LANG M, DEFLORIN P, DIETL H, et al. The Impact of Complexity on Knowledge Transfer in Manufacturing Networks [J]. Production and Operations Management, 2014, 23 (11): 1886 – 1898.

[101] JIN C, LIANG T, NGAI E W T. Inter-organizational knowledge management in complex products and systems: challenges and an exploratory framework [J]. Journal of Technology Management in China, 2007, 2 (2): 134 – 144.

[102] 童亮, 陈劲. 复杂产品系统创新过程中跨组织知识管理的障碍因素 [J]. 管理学报, 2007, (2): 204 – 210.

[103] 吉迎东, 党兴华, 弓志刚. 技术创新网络中知识共享行为机理研究——基于知识权力非对称视角 [J]. 预测, 2014, (3): 8 – 14.

[104] EIRIZ V, GONçALVES M, AREIAS J S. Inter-organizational learning within an institutional knowledge network: A case study in the textile and clothing industry [J]. European Journal of Innovation Management, 2017, 20 (2): 230 – 249.

[105] 陈洪转, 方志耕, 刘思峰, 等. 复杂产品主制造商 – 供应商协同合作最优成本分担激励研究 [J]. 中国管理科学, 2014, 22 (9): 98 – 105.

[106] DYER J H, HATCH N W. Relation-specific capabilities and barriers to knowledge transfers: creating advantage through network rela-

tionships [J]. Strategic Management Journal, 2006, 27 (8): 701 –719.

[107] BERNSTEIN F, KOEK A G. Dynamic Cost Reduction Through Process Improvement in Assembly Networks [J]. Management Science, 2009, 55 (4): 552 –567.

[108] DE VRIES J, SCHEPERS J, VAN WEELE A, et al. When do they care to share? How manufacturers make contracted service partners share knowledge [J]. Industrial Marketing Management, 2014, 43 (7): 1225 –1235.

[109] TODO Y, MATOUS P, INOUE H. The strength of long ties and the weakness of strong ties: Knowledge diffusion through supply chain networks [J]. Research Policy, 2016, 45 (9): 1890 –1906.

[110] CHARTERINA J, LANDETA J, BASTERRETXEA I. Mediation effects of trust and contracts on knowledge-sharing and product innovation [J]. European Journal of Innovation Management, 2018, 21 (2): 274 –293.

[111] YANG Y, JIA F, XU Z D. Towards an integrated conceptual model of supply chain learning: an extended resource-based view [J]. Supply Chain Management-an International Journal, 2019, 24 (2): 189 –214.

[112] 彭彬, 赵征. 基于两阶段动态博弈的服务外包定价分析 [J]. 运筹与管理, 2012, 21 (3): 154 –158.

[113] 黄彬彬, 王先甲, 桂发亮, 等. 不完备信息下生态补偿中主客体的两阶段动态博弈 [J]. 系统工程理论与实践, 2011, 31 (12): 2419 –2424.

[114] XIA N, RAJAGOPALAN S. A Competitive Model of Customization with Lead-Time Effects [J]. Decision Sciences, 2009, 40 (4): 727 – 758.

[115] ZHANG J, FRAZIER G V. Strategic alliance via co – opetition: Supply chain partnership with a competitor [J]. Decision Support Systems, 2011, 51 (4): 853 – 863.

[116] PARK M K, LEE I, SHON K M. Using case based reasoning for problem solving in a complex production process [J]. Expert Systems with Applications, 1998, 15 (1): 69 – 75.

[117] LEE H J, AHN H J, KIM J W, et al. Capturing and reusing knowledge in engineering change management: A case of automobile development [J]. Information Systems Frontiers, 2006, 8 (5): 375 – 394.

[118] GOMEZ-PEREZ A, CORCHO O. Ontology languages for the Semantic Web [J]. IEEE Intelligent Systems, 2002, 17 (1): 54 – 60.

[119] HAN K H, PARK J W. Process-centered knowledge model and enterprise ontology for the development of knowledge management system [J]. Expert Systems with Applications, 2009, 36 (4): 7441 – 7447.

[120] CHHIM P, CHINNAM R B, SADAWI N. Product design and manufacturing process based ontology for manufacturing knowledge reuse [J]. Journal of Intelligent Manufacturing, 2017, 30 (2): 905 – 916.

[121] 方伟光, 郭宇, 廖文和, 等. 基于本体的复杂产品设计

知识表示和标注方法［J］. 计算机集成制造系统, 2016, (9): 2063 - 2071.

［122］刘晨, 龙红能, 殷国富, 等. 复杂产品工艺知识的语义本体表达方法［J］. 四川大学学报(工程科学版), 2007, (4): 169 - 174.

［123］FERNANDES R P, GROSSE I R, KRISHNAMURTY S, et al. Semantic methods supporting engineering design innovation［J］. Advanced Engineering Informatics, 2011, 25 (2): 185 - 192.

［124］LIU D-R, LIN C-W, CHEN H-F. Discovering role-based virtual knowledge flows for organizational knowledge support［J］. Decision Support Systems, 2013, 55 (1): 12 - 30.

［125］李柏洲, 赵健宇, 袭希, 等. 基于本体论的团队虚拟知识流抽取模型研究［J］. 系统工程理论与实践, 2015, (6): 1509 - 1519.

［126］吴林健, 苟秉宸, 汶晨光. 基于工作流和知识点驱动的知识推送研究［J］. 计算机工程与应用, 2017, 54 (4): 231 - 236.

［127］刘庭煜, 汪惠芬, 贲可存, 等. 基于多维情境本体匹配的产品开发过程业务产物智能推荐技术［J］. 计算机集成制造系统, 2016, 22 (12): 2727 - 2750.

［128］姜洋, 金天国, 刘文剑, 等. 基于本体的复杂产品设计知识优化集成［J］. 计算机集成制造系统, 2010, (9): 1828 - 1835.

［129］WANG H-C, CHANG Y-L. PKR: A personalized knowledge recommendation system for virtual research communities［J］. The Journal of Computer Information Systems, 2007, 48 (1): 31 - 41.

［130］LIANG T P, YANG Y F, CHEN D N, et al. A semantic-expansion approach to personalized knowledge recommendation ［J］. Decision Support Systems, 2008, 45（3）：401 –412.

［131］ZHEN L, HUANG G Q, JIANG Z H. An inner-enterprise knowledge recommender system ［J］. Expert Systems with Applications, 2010, 37（2）：1703 –1712.

［132］密阮建驰，战洪飞，余军合. 基于因子分解机与情景感知的企业知识推荐方法研究 ［J］. 情报科学，2016，34（12）：27 – 30，5.

［133］王克勤，魏姣姣，李靖，等. 基于设计情境的制造知识主动推荐方法 ［J］. 制造业自动化，2018，40（1）：136 –43，46.

［134］MARLOW C, NAAMAN M, BOYD D, et al. HT06, Tagging Paper, Taxonomy, Flickr, Academic Article, to Read ［R］. Proceedings of the Seventeenth Conference on Hypertext and Hypermedia, 2006.

［135］GOLDER S A, HUBERMAN B A. Usage patterns of collaborative tagging systems ［J］. Journal of Information Science, 2006, 32（2）：198 –208.

［136］ROBU V, HALPIN H, SHEPHERD H. Emergence of consensus and shared vocabularies in collaborative tagging systems ［J］. ACM Transactions on the Web（TWEB）, 2009, 3（4）：14.

［137］TSO-SUTTER K H L, MARINHO L B, SCHMIDT-THIEME L. Tag-aware Recommender Systems by Fusion of Collaborative Filtering Algorithms ［R］. Proceedings of the 2008 ACM Symposium on Applied

Computing, 2008.

[138] SIGURBJORNSSON B, VAN ZWOL R. Flickr Tag Recommendation Based on Collective Knowledge [R]. Proceedings of the 17th International Conference on World Wide Web, 2008.

[139] SYMEONIDIS P, NANOPOULOS A, MANOLOPOULOS Y. A unified framework for providing recommendations in social tagging systems based on ternary semantic analysis [J]. IEEE Transactions on Knowledge and Data Engineering, 2010, 22 (2): 179 – 192.

[140] GEMMELL J, SHEPITSEN A, MOBASHER B, et al. Personalizing navigation in folksonomies using hierarchical tag clustering [M]. Data Warehousing and Knowledge Discovery. Springer. 2008: 196 – 205.

[141] BAUCKHAGE C, ALPCAN T, AGARWAL S, et al. An intelligent knowledge sharing system for web communities; proceedings of the IEEE International Conference on Systems, Man and Cybernetics, Oct, 2007 [C]. IEEE.

[142] JäSCHKE R, HOTHO A, SCHMITZ C, et al. Discovering shared conceptualizations in folksonomies [J]. Web Semantics: Science, Services and Agents on the World Wide Web, 2008, 6 (1): 38 – 53.

[143] RADELAAR J, BOOR A-J, VANDIC D, et al. Improving the exploration of tag spaces using automated tag clustering [M]. Web Engineering. Springer. 2011: 274 – 288.

[144] SHEPITSEN A, GEMMELL J, MOBASHER B, et al. Personalized Recommendation in Social Tagging Systems Using Hierarchical Clustering [R]. Proceedings of the 2008 ACM Conference on Recommen-

der Systems, 2008.

[145] GARCíA-PLAZA A P, ZUBIAGA A, FRESNO V, et al. Reorganizing clouds: A study on tag clustering and evaluation [J]. Expert Systems with Applications, 2012, 39 (10): 9483 – 9493.

[146] KAIN J-H, SöDERBERG H. Management of complex knowledge in planning for sustainable development: The use of multi-criteria decision aids [J]. Environmental Impact Assessment Review, 2008, 28 (1): 7 –21.

[147] TIWARI A, GUPTA R K, AGRAWAL D P. A survey on frequent pattern mining: Current status and challenging issues [J]. Information Technology Journal, 2010, 9 (7): 1278 – 1293.

[148] EL-SAYED M, RUIZ C, RUNDENSTEINER E A. FS-Miner: efficient and incremental mining of frequent sequence patterns in web logs [M]. Proceedings of the 6th annual ACM international workshop on Web information and data management. Washington DC, USA; ACM. 2004: 128 – 135.

[149] PETTER S, DELONE W, MCLEAN E R. Information Systems Success: The Quest for the Independent Variables [J]. Journal of Management Information Systems, 2013, 29 (4): 7 –62.

[150] GHAFFARIAN V. The new stream of socio-technical approach and main stream information systems research [J]. Procedia Computer Science, 2011, 3: 1499 – 1511.

[151] MA M, AGARWAL R. Through a Glass Darkly: Information Technology Design, Identity Verification, and Knowledge Contribution in

Online Communities [J]. Information Systems Research, 2007, 18 (1): 42 – 67.

[152] BANDURA A. Social cognitive theory: An agentic perspective [J]. Annual Review of Psychology, 2001, 52: 1 – 26.

[153] GEE WOO B, YOUNG-GUL K. Breaking the myths of rewards: an exploratory study of attitudes about knowledge sharing [J]. Information Resources Management Journal, 2002, 15 (2): 2114 – 2121.

[154] CHEN C J, HUNG S W. To give or to receive? Factors influencing members' knowledge sharing and community promotion in professional virtual communities [J]. Information & Management, 2010, 47 (4): 226 – 236.

[155] HSU C-L, LIN J C-C. Acceptance of blog usage: The roles of technology acceptance, social influence and knowledge sharing motivation [J]. Information & Management, 2008, 45 (1): 65 – 74.

[156] TSAI W, GHOSHAL S. Social capital and value creation: an empirical study of intrafirm networks [J]. Academy of Management Journal, 1998, 41 (4): 464 – 476.

[157] YLI-RENKO H, AUTIO E, SAPIENZA H J. Social capital, knowledge acquisition, and knowledge exploitation in young technology-based firms [J]. Strategic Management Journal, 2001, 22 (6 – 7): 587 – 613.

[158] INKPEN A C, TSANG E W K. Social capital, networks, and knowledge transfer [J]. Academy of management review, 2005, 30 (1): 146 – 165.

［159］ MAGNIER-WATANABE R, YOSHIDA M, WATANABE T. Social network productivity in the use of SNS ［J］. Journal of Knowledge Management, 2010, 14 (6): 910 – 927.

［160］ AYOUNG S, KYUNG-SHIK S, MANJU A, et al. The Influence of Virtuality on Social Networks Within and Across Work Groups: A Multilevel Approach ［J］. Journal of Management Information Systems, 2011, 28 (1): 351 – 386.

［161］ SHERIF K, HOFFMAN J, THOMAS B. Can technology build organizational social capital? The case of a global IT consulting firm ［J］. Information & Management, 2006, 43 (7): 795 – 804.

［162］周涛, 鲁耀斌. 基于社会资本理论的移动社区用户参与行为研究 ［J］. 管理科学, 2008, (3): 43 – 50.

［163］BEHREND F D, ERWEE R. Mapping knowledge flows in virtual teams with SNA ［J］. Journal of Knowledge Management, 2009, 13 (4): 99 – 114.

［164］MAYER R C, DAVIS J H, SCHOORMAN F D. An integrative model of organizational trust ［J］. Academy of management review, 1995, 20 (3): 709 – 734.

［165］BAGOZZI R P, DHOLAKIA U M. Intentional social action in virtual communities ［J］. Journal of Interactive Marketing, 2002, 16 (2): 2 – 21.

［166］LESSER E L, STORCK J. Communities of practice and organizational performance ［J］. IBM systems journal, 2001, 40 (4): 831 – 841.

［167］罗珉，王雎．组织间创新性合作：基于知识边界的研究［J］．中国工业经济，2006，(9)：78-86．

［168］柯江林，石金涛，孙健敏．团队社会资本的维度开发及结构检验研究［J］．科学学研究，2007，25 (5)：7．

［169］BARTOL K M，SRIVASTAVA A. Encouraging Knowledge Sharing：The Role of Organizational Reward Systems［J］．Journal of Leadership & Organizational Studies，2002，9 (1)：64-76．

［170］谢荷锋，刘超．"拥挤"视角下的知识分享奖励制度的激励效应［J］．科学学研究，2011，(10)：1541-1556．

［171］WANG Z，WANG N. Knowledge sharing，innovation and firm performance［J］．Expert Systems with Applications，2012，39 (10)：8899-8908．

［172］OECD/EUROSTAT. Oslo Manual 2018：Guidelines for Collecting，Reporting and Using Data on Innovation［M］．4th ed. Paris/Eurostat，Luxembourg：OECD Publishing，2018．

［173］SOTO-ACOSTA P，POPA S，PALACIOS-MARQUéS D. Social web knowledge sharing and innovation performance in knowledge-intensive manufacturing SMEs［J］．The Journal of Technology Transfer，2016，42 (2)：425-440．

［174］CHOI S Y，LEE H，YOO Y. The Impact of Information Technology and Transactive Memory Systems on Knowledge Sharing，Application，and Team Performance：A Field Study［J］．Mis Quarterly，2010，34 (4)：855-870．

［175］PETTER S，STRAUB D W，RAI A. Specifying Formative

Constructs in Information Systems Research [J]. Mis Quarterly, 2007, 31 (4): 623 –656.

[176] BECKER T E. Potential Problems in the Statistical Control of Variables in Organizational Research: A Qualitative Analysis With Recommendations [J]. Organizational Research Methods, 2005, 8 (3): 274 –289.

[177] CHIN W W, MARCOLIN B L, NEWSTED P R. A Partial Least Squares Latent Variable Modeling Approach for Measuring Interaction Effects: Results from a Monte Carlo Simulation Study and an Electronic-Mail Emotion/Adoption Study [J]. Information Systems Research, 2003, 14 (2): 189 –217.

[178] RINGLE C M, WENDE S, WILL A. Smart PLS 2. 0 (M3) Beta [M]. Hamburg: Smart PLS GmbH, 2005.

[179] GEFEN D, STRAUB D. A practical guide to factorial validity using PLS-Graph: Tutorial and annotated example [J]. Communications of the Association for Information Systems, 2005, 16: 109.

[180] BOLLEN K, LENNOX R. Conventional wisdom on measurement: A structural equation perspective [J]. Psychological bulletin, 1991, 110 (2): 305.

[181] MACKENZIE S B, PODSAKOFF P M, PODSAKOFF N P. Construct Measurement and Validation Procedures in MIS and Behavioral Research: Integrating New and Existing Techniques [J]. Mis Quarterly, 2011, 35 (2): 293 –334.

[182] HUIGANG L, SARAF N, QING H, et al. ASSIMILATION

OF ENTERPRISE SYSTEMS: THE EFFECT OF INSTITUTIONAL PRE-SSURES AND THE MEDIATING ROLE OF TOP MANAGEMENT [J]. Mis Quarterly, 2007, 31 (1): 59 – 87.

[183] URBACH N, AHLEMANN F. Structural equation modeling in information systems research using partial least squares [J]. Journal of Information Technology Theory and Application, 2010, 11 (2): 5 – 40.

[184] HAIR J F, RINGLE C M, SARSTEDT M. PLS-SEM: Indeed a Silver Bullet [J]. Journal of Marketing Theory & Practice, 2011, 19 (2): 139 – 152.

[185] HAIR J F, SARSTEDT M, RINGLE C M, et al. An assessment of the use of partial least squares structural equation modeling in marketing research [J]. Journal of the Academy of Marketing Science, 2011, 40 (3): 414 – 433.

[186] HENSELER J, FASSOTT G. Testing Moderating Effects in PLS Path Models: An Illustration of Available Procedures [M] //ES-POSITO VINZI V, CHIN W W, HENSELER J, et al. Handbook of Partial Least Squares: Concepts, Methods and Applications. Berlin, Heidelberg: Springer Berlin Heidelberg. 2010: 713 – 735.

[187] JIANG X, LI Y. An empirical investigation of knowledge management and innovative performance: The case of alliances [J]. Research Policy, 2009, 38 (2): 358 – 368.

[188] BUGHIN J, CHUI M. The rise of the networked enterprise: Web 2.0 finds its payday [J]. McKinsey Quarterly, 2010, 4: 3 – 8.

[189] LEIFER R, DELBECQ A. Organizational/environmental

interchange: a model of boundary spanning activity [J]. Academy of management review Academy of Management, 1978, 3 (1): 40 – 50.

[190] CONWAY S. Strategic Personal Links in Successful Innovation: Link-pins, Bridges, and Liaisons [J]. 1997, 6 (4): 226 – 233.

[191] BRION S, CHAUVET V, CHOLLET B, et al. Project leaders as boundary spanners: Relational antecedents and performance outcomes [J]. International Journal of Project Management, 2012, 30 (6): 708 – 722.

[192] 俞荣建, 胡峰, 陈力田, 等. 知识多样性、知识网络结构与新兴技术创新绩效——基于发明专利数据的 NBD 模型检验 [J]. 商业经济与管理, 2018, (10): 38 – 46.

[193] WALUMBWA F O, MUCHIRI M K, MISATI E, et al. Inspired to perform: A multilevel investigation of antecedents and consequences of thriving at work [J]. Journal of Organizational Behavior, 2018, 39 (3): 249 – 261.

[194] 邓春平, 刘小娟, 毛基业. 挑战与阻断性压力源对边界跨越结果的影响——IT 员工压力学习的有调节中介效应 [J]. 管理评论, 2018, 30 (7): 148 – 161.

[195] ASHFORTH B E, HARRISON S H, CORLEY K G. Identification in organizations: An examination of four fundamental questions [J]. Journal of Management, 2008, 34 (3): 325 – 374.

[196] MARRONE J A. Team Boundary Spanning: A Multilevel Review of Past Research and Proposals for the Future [J]. Journal of Management, 2010, 36 (4): 911 – 940.

[197] TEIGLAND R, WASKO M M. Integrating Knowledge through Information Trading: Examining the Relationship between Boundary Spanning Communication and Individual Performance [J]. Decision Sciences, 2003, 34 (2): 261 – 286.

[198] BRISCOE F, ROGAN M. Coordinating Complex Work: Knowledge Networks, Partner Departures, and Client Relationship Performance in a Law Firm [J]. Management Science, 2016, 62 (8): 2392 – 2411.

[199] GANCO M. Cutting the Gordian knot: The effect of knowledge complexity on employee mobility and entrepreneurship [J]. Strategic Management Journal, 2013, 34 (6): 666 – 686.

[200] VAFEAS M. Boundary spanner turnover in professional services: Exploring the outcomes of client retention strategies [J]. Journal of Marketing Management, 2010, 26 (9 – 10): 901 – 920.

[201] PHELPS C, HEIDL R, WADHWA A. Knowledge, Networks, and Knowledge Networks: A Review and Research Agenda [J]. Journal of Management, 2012, 38 (4): 1115 – 1166.

[202] DANGELICO R M, GARAVELLI A C, PETRUZZELLI A M. Knowledge creation and transfer in local and global technology networks: a system dynamics perspective [J]. International Journal of Globalisation and Small Business, 2008, 2 (3): 300 – 324.

[203] TORTORIELLO M, KRACKHARDT D. Activating cross-boundary knowledge: The role of Simmelian ties in the generation of innovations [J]. Academy of Management Journal, 2010, 53 (1): 167 – 181.

［204］ SORENSON O, RIVKIN J W, FLEMING L. Complexity, networks and knowledge flow ［J］. Research Policy, 2006, 35 （7）: 994 – 1017.

［205］ BADAR K, HITE J M, ASHRAF N. Knowledge network centrality, formal rank and research performance: evidence for curvilinear and interaction effects ［J］. Scientometrics, 2015, 105 （3）: 1553 – 1576.

［206］ STEIER L, GREENWOOD R. Entrepreneurship and the Evolution of Angel Financial Networks ［J］. Organization Studies, 2000, 21 （1）: 163 – 192.

［207］ GAGNé M, DECI E L. Self-determination theory and work motivation ［J］. Journal of Organizational Behavior, 2005, 26 （4）: 331 – 362.

［208］ RIVKIN J W. Imitation of Complex Strategies ［J］. 2000, 46 （6）: 824 – 844.

［209］ BAILY M, FARRELL D, REMES J. The hidden key to growth ［J］. The International Economy, 2006, 20 （1）: 48 – 55.

［210］ BRANDENBURGER A, STUART H. Biform Games ［J］. Management Science, 2007, 53 （4）: 537 – 549.

［211］ LASHKARI F, ENSAN F, BAGHERI E, et al. Efficient indexing for semantic search ［J］. Expert Systems with Applications, 2017, 73: 92 – 114.

［212］ DUEN-REN L, CHIN-HUI L. Mining group-based knowledge flows for sharing task knowledge ［J］. Decision Support Systems,

2011, 50 (2): 370 – 386.

[213] ZHUGE H, GUO W, LI X. The potential energy of knowledge flow [J]. Concurrency and Computation: Practice and Experience, 2007, 19 (15): 2067 – 2090.

[214] SASSI N, JAZIRI W, ALHARBI S. Supporting ontology adaptation and versioning based on a graph of relevance [J]. Journal of Experimental & Theoretical Artificial Intelligence, 2015, 28 (6): 1035 – 1059.

[215] KIMMERLE J, CRESS U, HELD C. The interplay between individual and collective knowledge: technologies for organisational learning and knowledge building [J]. Knowledge Management Research & Practice, 2010, 8 (1): 33 – 44.

[216] LEICHT E A, NEWMAN M E. Community structure in directed networks [J]. Physical review letters, 2008, 100 (11): 118703.

[217] VAN DONGEN S. Graph clustering via a discrete uncoupling process [J]. SIAM Journal on Matrix Analysis and Applications, 2008, 30 (1): 121 – 141.

[218] 王众托. 元决策: 概念与方法 [J]. 大连理工大学学报 (社会科学版), 1999, (2): 3 – 9.

[219] COOK W D. Distance-based and ad hoc consensus models in ordinal preference ranking [J]. European Journal of Operational Research, 2006, 172 (2): 369 – 385.

[220] CONTRERAS I. A distance-based consensus model with flexi-

ble choice of rank-position weights [J]. Group Decision and Negotiation, 2010, 19 (5): 441 –456.

[221] CHIU C, HSU M, WANG E. Understanding knowledge sharing in virtual communities: An integration of social capital and social cognitive theories [J]. Decision Support Systems, 2006, 42 (3): 1872 – 1888.

[222] CAROL W. Measuring social capital and knowledge networks [J]. Journal of Knowledge Management, 2008, 12 (5): 65 –78.